Platon Tchoumatchenco
Todor Nikolov

Três estrelas de origem russa na geologia búlgara

Platon Tchoumatchenco
Todor Nikolov

Três estrelas de origem russa na geologia búlgara

Andrei Janichevsky, Rostislav Beregov, Svetlana Chernjavska: Vida e criatividade científica

ScienciaScripts

Imprint

Any brand names and product names mentioned in this book are subject to trademark, brand or patent protection and are trademarks or registered trademarks of their respective holders. The use of brand names, product names, common names, trade names, product descriptions etc. even without a particular marking in this work is in no way to be construed to mean that such names may be regarded as unrestricted in respect of trademark and brand protection legislation and could thus be used by anyone.

Cover image: www.ingimage.com

This book is a translation from the original published under ISBN 978-620-2-02499-0.

Publisher:
Sciencia Scripts
is a trademark of
Dodo Books Indian Ocean Ltd. and OmniScriptum S.R.L publishing group

120 High Road, East Finchley, London, N2 9ED, United Kingdom
Str. Armeneasca 28/1, office 1, Chisinau MD-2012, Republic of Moldova, Europe
Printed at: see last page
ISBN: 978-620-7-74869-3

Copyright © Platon Tchoumatchenco, Todor Nikolov
Copyright © 2024 Dodo Books Indian Ocean Ltd. and OmniScriptum S.R.L publishing group

PLATON TCHOUMATCHENCO, TODOR NIKOLOV

TRÊS ESTRELAS DE ORIGEM RUSSA EM BÚLGARO GEOLOGIA:

ANDREI JANICHEVSKY, ROSTISLAV BEREGOV, SVETLANA CERNJAVSKA:

VIDA E CRIATIVIDADE CIENTÍFICA

Sófia, Sociedade Geológica da Bulgária, 2017

Palavras-chave: História da geologia, origem russa dos geólogos búlgaros,
Janichevsky, Beregov, Cernjavska.

ÍNDICE

Introdução

Após a Revolução de outubro e, sobretudo, após a Guerra Civil na Rússia (19171922), chegaram à Bulgária muitos emigrantes russos, alguns dos quais permaneceram neste país e outros continuaram o seu caminho para a Europa Ocidental, para os Estados Unidos ou para outras localidades do mundo. Muitos médicos, professores de história, de russo, de filologia francesa e outros especialistas estabeleceram-se na Bulgária. Os médicos, por exemplo, encontraram um bom solo para viver e trabalhar, uma vez que em 1929 foi votada uma lei no Parlamento búlgaro e os direitos dos médicos russos foram equiparados aos dos búlgaros. Este facto contribuiu para o desenvolvimento da medicina na Bulgária. Lamentamos que nenhum dos geólogos já estabelecidos na Rússia tenha vindo para a Bulgária, tal como acontece noutros países, como é o caso de geólogos famosos como V. Laskarev - na Sérvia, N.I. Androusoff - na Checoslováquia e outros. Na Bulgária vieram com os seus pais, ainda crianças, Andrei Janichevsky e Rostislav Beregov, que, ao emigrarem, se tornaram geólogos. Para a geração mais jovem de geólogos búlgaros, o conhecimento dos nomes de A. Janichevsky e R. Beregov está ligado não só aos resultados dos seus brilhantes estudos sobre a geologia da Bulgária, mas também, de uma forma puramente humana, às histórias da sua morte.

É por isso que é uma honra para a direção da Sociedade Geológica, orientada por geólogos mais jovens, recordar que na geologia búlgara trabalharam dois geólogos, que chegaram à Bulgária depois da guerra civil na Rússia e trabalharam e viveram como búlgaros. A estes dois homens glamorosos e geólogos brilhantes juntamos a Dra. Svetlana Cernjavska, que também é de ascendência russa e veio da Sérvia para a Bulgária, na sequência do martírio do seu pai, o Prof. Pavel Cernjavsky. Torna-se a fundadora da Paleopalinologia búlgara e deixa um rasto de evidência na ciência búlgara.

A informação sobre o engenheiro geólogo Professor Associado Andrei Janichevsky foi lida por Platon Tchoumatchenco (Tchoumatchenco, 2014) durante a Conferência Nacional Anual da Sociedade Geológica Búlgara "Geociências 2014", por ocasião do 110.º aniversário do seu nascimento, ao qual o ano de 2014 foi dedicado pela Sociedade

Geológica Búlgara. Devido ao interesse das gerações mais jovens de geólogos búlgaros, para as quais o nome de A. Janichevsky era quase desconhecido, no ano seguinte Tchoumatchenco (2015) publicou um artigo mais extenso em búlgaro na Review of Bulgarian Geological Society - 76/1, 145-156. O texto da nossa publicação é uma versão inglesa modificada deste artigo.

A informação sobre o Dr. Rostislav Beregov foi recolhida por Tchoumatchenco e Nikolov (2016) por ocasião do 70º aniversário da sua morte heróica e publicada na Review of Bulgarian Geological Society, 77, 1, 93108. Este texto é uma versão modificada em inglês deste trabalho.

A informação sobre a Dra. Svetlana Cernjavska foi recolhida também por Tchoumatchenco e Nikolov (2017) e está no prelo e será publicada na Review of Bulgarian Geological Society, 78, 1-3.

A recolha de dados sobre o destino da vida e o trabalho criativo dos nossos notáveis antecessores estimulou o interesse dos jovens geólogos búlgaros pelos construtores da geologia búlgara. Além disso, uma carta da Sra. Alina Covali, da Lambert Academic Publishing, de 30.03.2017, dirigida ao Prof. P. Tchoumachenco, deu-nos razões para pensar que o destino e o trabalho criativo destes geólogos búlgaros de origem russa seriam de interesse para um público internacional mais vasto.

Andrei Alexeyevich Janichevsky (Андрей Алексеевич Янишевский) (1904 - 1949) - o Geólogo Ousado

Resumo . Geólogo búlgaro de origem russa. Licenciou-se em 1934 na Universidade de Nancy. Desde 1939 até 1949 trabalhou no Serviço Geológico Búlgaro nos problemas de geologia regional de Strandzha (SE Bulgária) e nos depósitos de minério em Western Stara Planina Mnts. e Central e East Rhodopes. Foi autor de 9 artigos científicos e 15 relatórios geológicos internos.

Vida

Andrei Alexeyevich Janichevsky tem uma ascendência notável. O seu avô Erast Petrovich (1829-1906) era matemático, aluno do célebre matemático russo N.I. Lobachevsky, professor de matemática pura na Universidade de Kazan, um homem gentil (dvoryanin), um verdadeiro conselheiro de Estado (deystvitelny statsky sovetnik). No Império Russo, até 1917, esta categoria conferia o direito à nobreza hereditária. O seu pai, Alexey Erastovich (1873-1936), é professor de neurologia na Universidade Novorossiyski de Odessa e, mais tarde, professor-chefe da cátedra e da clínica de neurologia na Faculdade de Medicina da Universidade de Sófia (1922-1935). Os dois irmãos do seu pai também são cientistas - Mikhail Erastovic (1871-1949) é um famoso cientista russo,

⇦ Erast Petrovich Janichevsky (1829-1906) – Founder of the family Janichevsky.

⇦Alexey Erastovich Janichevsky (1873-1936) –
Father of Andrei Janichevsky

Mikhail Erastovich
Janichevsky – uncle of Andrei Janichevsky⇨

geólogo - paleontólogo, doutorado, professor de geologia e paleontologia na Universidade de Leninegrado (atual Petersburgo), cientista homenageado (1945) da Federação Russa da URSS, e Dmitry Erastovich (1875-1944) é professor de botânica. Após a Revolução de outubro, no outono de 1920, o pai, Prof. Alexey Janichevsky, emigrou da Rússia com a sua família: a mulher Alexandra (1881, Kazan - 1934, Sófia) e os dois filhos: Mikhail (1905, Odessa - 1934, Sófia) e Andrei (20 de fevereiro de 1904, Odessa - 6 de junho de 1949, Sófia) e veio para a Bulgária através de Istambul e do Campo de Gallipoli em 1921. Nessa altura, Andrei Alexeyevich Janichevsky tinha 17 anos.

Na Bulgária, o Prof. Alexei Janichevsky encontra as condições para continuar o seu trabalho como médico e como cientista médico. Tornou-se diretor da cátedra de neurologia na Universidade de Sófia (1922-1935) e fundador do ramo clínico-morfológico da neurologia búlgara na Universidade de Sófia (1922-1935). Na Bulgária, o Prof. A. Janichevsky foi autor de 2 livros didácticos sobre doenças nervosas, de uma monografia sobre encefalite letárgica e de mais de 30 artigos científicos.

O filho Andrei Janichevsky estudou anteriormente em Odessa e, quando veio para Sófia, estudou e licenciou-se em 1925 no Liceu Clássico de Sófia. Andrei participou muito ativamente na vida dos russos na Bulgária - por exemplo, em 15 de fevereiro de 1925, desempenhou o papel principal de Príncipe Shinadze no espetáculo-concerto "Be ready", realizado pelos escuteiros russos em Sófia (Benderev 2014). Em 1925, Andrei inscreveu-se como estudante de ciências naturais na Universidade de Sófia. Sobre este período, Borisov (1963, 1981) escreve: "Anos de trabalho árduo passaram por cima dos livros. Foi nessa altura que surgiu o primeiro tremor, o primeiro amor-verdade e o primeiro golpe duro no destino. Era um belo dia de Sofia. Muito feliz, Andrei apressa-se a encontrar-se com a sua noiva. Ela chegou à esquina em frente à Câmara Municipal e esperou com impaciência. Ela amadureceu a sua Andriucha, a rapariga sai a correr com as mãos estendidas. Andrei vê o perigo e ameaça a rapariga, grita, deixa-a parar... mas já é tarde. A favorita, a desejada, desapareceu sob as rodas do elétrico". Quem era a favorita de Andrei, como se chamava - ficou em segredo para nós. Por S.

Docoutchaev (outubro de 2014, comunicação oral) só nos apercebemos que ela era "dos russos". Andrei sofreu muito com a perda da mulher amada e, passado pouco tempo, fez uma viagem a França. Nessa altura, este país continuava a atrair os russos. Muitos emigrantes russos

estudaram no "triângulo" das universidades - Nancy e Estrasburgo, no Norte de França, e Lovaina, na Bélgica. Segundo Borisov (1981, p. 52) "Andrei gostava por vezes de falar de Nancy, onde viveu e estudou durante 4 anos. A cidade milenar que se desenvolveu no lugar da antiga aldeia de Nancyacum, na viragem do rio Mosela, impressionava-o de tal forma que Paris e as outras cidades de França, que tinha visitado, ficavam para ele "na sombra... muito poucas cidades no mundo se parecem com Nancy". Andrei convenceu os seus convidados: -Devem ir lá uma vez, mas não como turistas, mas para viver nela, e então nunca esquecerão a Praça Stanislaus... com a enorme estátua do último Duque de Lorena e Rei da Polónia. A sua estátua... ficava um pouco fora do centro de Nancy - na Avenida Strasbourg. Perto, ficava o Museu Mineral-Petrográfico. O edifício de vários andares não se distinguia por uma arquitetura especial. Não muito longe, a norte, ficam os Vosges, localidade muito apreciada pelos geólogos. Talvez tudo isto tenha contribuído para que em Nancy crescesse uma escola de geologia de renome mundial". Depois da licenciatura, regressa à Bulgária em 1934. Um ano mais tarde, Andrei é designado para o serviço búlgaro da mina estatal. No entanto, **o destino** continua a perseguir Andrei.

A família do Professor Alexey Janichevsky gostava de comer cogumelos à mesa com frequência. Estes eram fornecidos por um russo - conhecido conhecedor de cogumelos silvestres, que também fornecia alguns restaurantes em Sófia. Mas é óbvio que este conhecedor cometeu um erro fatal que levou ao envenenamento da mãe e do irmão de Andrei. O pai salvou-se, mas passados 3 anos morreu devido a um grave enfraquecimento provocado por este envenenamento por fungos" (Borisov, 1981). Andrei não estava em casa nessa noite e isso salvou-o.

Durante este período, conhece Olga Nikolaevna Bredova - filha do General Nikolay Bredov, que entrou para a história da Guerra Civil na Rússia com a chamada "marcha Bredov" - da Polónia para o Sul da Rússia. No outono de 1920, o general Bredov foi evacuado com a sua família. As deslocações começam por Istambul, pelo campo de Gallipoli e, no outono de 1921, chegam à Bulgária, onde encontram o seu porto.

Após o regresso de França à Bulgária, Andrei Janichevsky recebe um reconhecimento notável da Bulgária, o país que lhe concedeu um refúgio: com base no relatório do Primeiro-Ministro e Ministro da Justiça Kimon Georgiev, de 16.10.1934, o Czar Bóris III emitiu o decreto n.º 837, que afirmava

"Para ser adotado como cidadão búlgaro

ANDREI ALEXEYEVICH JANICHEVSKY,

nascido em Odessa, Rússia!"

№ 839

ВАШЕ ВЕЛИЧЕСТВО!

Андрей Алексѣевичъ Янишевски, живущъ въ гр.София, руски поданикъ, е подалъ молба за придобиване на българско поданство по натурализация.

Отъ събранитѣ, възъ основа на чл.25 ал.2 отъ Закона за българското поданство, сведения чрезъ надлежния Областенъ Директоръ, както и отъ представенитѣ отъ молителя документи се установява:

1. Молителя Андрей Алексѣевичъ Янишевски, роденъ на 20.II.1904 година въ гр.Одеса, Русия, по народность русинъ, до сега е билъ руски поданикъ.

2. Той се преселилъ въ България презъ 1921 година и до сега е живѣлъ непрекъснато въ предѣлитѣ на Царството, като еималъ постоянното си мѣстожителство гр.София.

3. Себе си и семейството си прехранва съ срѣдствата които получава отъ баща си.

4. Въ нравственно отношение е честенъ и порядъченъ гражданинъ и питае добри чувства къмъ България.

Като докладвамъ това на Ваше Величество, и като намирамъ, че молителя Андрей Алексѣевичъ Янишевски, отговаря на условията, изисквани отъ чл.чл.9 п.6,26 и 36 отъ Закона за българското поданство, то, съгласно чл.10 отъ същия законъ, моля, най-учтиво ВАШЕ ВЕЛИЧЕСТВО да благоволите да разрешите да се приеме за български поданикъ поменатия Андрей Алексѣевичъ Янишевски.

Ако одобрявате това мое предложение, моля, най-учтиво, ВАШЕ ВЕЛИЧЕСТВО, да благоволите да подпишете тукъ приложения УКАЗ.

София, ... 16 – X .... 1934 година.-

ПРЕДСЕДАТЕЛЬ НА МИНИСТЕРСКИЯ СЪВѢТЪ И
МИНИСТЪРЪ НА ПРАВОСѪДИЕТО:

Tradução do Relatório do Conselho de Ministros e do Ministro da Justiça:

Conselho de Ministros e Ministro da Justiça da Bulgária para a aquisição da nacionalidade búlgara a Andrei Alexeyevich Janichevsky:

A SUA MAJESTADE O TSAR

RELATÓRIO N.º 839

VOSSA MAJESTADE,

A informação recolhida com base no artigo 25.º, n.º 2, da Lei relativa à nacionalidade búlgara, a informação prestada através do diretor distrital competente, bem como os documentos apresentados pelo requerente, permitem concluir que

1.   O peticionário, nascido em 20 de fevereiro de 1904 na cidade de Odessa, de nacionalidade russa, tem sido até agora um cidadão russo.

2.   Mudou-se para a Bulgária em 1921 e viveu sempre dentro das fronteiras do Reino, tendo a sua residência permanente em Sófia.

3.   O egoísmo e a família alimentam-se do dinheiro que recebe do pai.

4.   Em termos morais, é um cidadão honesto e decente e tem bons sentimentos em relação à Bulgária.

Andrei Alexeyevich Janichevsky, residente em Sófia, de nacionalidade russa, apresentou um pedido de aquisição da nacionalidade búlgara.

Ao comunicar este facto a Vossa Majestade, e verificando que o requerente preenche as condições exigidas pelos artigos 9 (6), 26, 36 da Lei da Nacionalidade Búlgara, então, em conformidade com o artigo 10 da mesma Lei, agradecemos, muito educadamente, a Vossa Majestade, que o delicie a julgar a vontade de permitir que seja considerado cidadão búlgaro o acima mencionado. Se for a favor desta proposta, agradecemos a Vossa Majestade que assine o decreto em anexo.

Sófia, 16.X.1934.

PRESIDENTE DO CONSELHO DE MINISTROS

E MINISTRO DA JUSTIÇA (Assinado por Kimon Georgiev)

УКАЗЪ

№ 837

НИЕ БОРИСЪ III

съ Божия милость и народната воля

ЦАРЬ НА БЪЛГАРИТѢ

По предложението на НАШИЯ Министъръ на правосѫдието, представено НАМЪ съ доклада му отъ .... 1934 година, подъ №.......... и възъ основа на чл.чл.9 п.6 и 10 отъ Закона за българското поданство,

ПОСТАНОВИХМЕ И ПОСТАНОВЯВАМЕ:

Статия 1. Да се приеме за български поданикъ Андрей Алексѣевичъ Янишевски, родомъ отъ гр.Одеса, Русия, а сега живущъ въ гр.София, поданикъ руски.

Статия 2. Изпълнението на настоящия Указъ възлагаме на НАШИЯ Министъръ на правосѫдието.

Издаденъ въ .... 1934 година.-

ПРЕДСЕДАТЕЛЬ НА МИНИСТЕРСКИЯ СЪВѢТЪ И
МИНИСТЪРЪ НА ПРАВОСѪДИЕТО:

Tradução do Decreto n.º 837:

NÓS BORIS III

Com a misericórdia de Deus e a vontade do povo

CZAR DOS BÚLGAROS

Sob proposta do NOSSO Ministro da Justiça, apresentada aos EUA com o seu relatório de 16 de outubro de 1934, com o número 839, e com base no nº 6 do artigo 9º e no artigo 10º da Lei da Cidadania Búlgara,

ESTABELECEMOS E DECRETÁMOS

Article 1.   Para ser adotado como cidadão búlgaro, Andrei Alexeyevich Janichevsky, nascido em Odessa, Rússia, e atualmente a viver em Sófia, cidadão russo.

Article 2.   Aplicação do presente decreto Atribuímos ao nosso Ministro da Justiça.

Emitida em Sófia em 16 de outubro de 1934

(Assinado pelo Czar)

PRESIDENTE DO CONSELHO DE MINISTROS E MINISTRO DA JUSTIÇA

(Assinado por Kimon Georgiev)

Anos de criatividade científica

A informação sobre Andrei Janichevsky só pode ser encontrada em algumas publicações nas quais são publicados resumos das biografias de geólogos búlgaros que trabalharam na parte inicial da história da geologia búlgara antes de 1950 (Bonchev, 1955).

Em 1935-1936, o engenheiro A. Janichevsky trabalhou como geólogo na Empresa Estatal de Minas. Rapidamente conseguiu entrar nos problemas da geologia búlgara, com a visão de um geólogo alpino da escola francesa. Visitou os Balcãs de Vratsa e os Ródopes Centrais e publicou os seus estudos (Janichevsky, 1935, 1937). Em 1937, Andrei Janichevsky ingressou numa especialização de dois anos no Instituto Geológico da Universidade de Sófia. Trabalhou muito em Stara Planina Ocidental, fez observações profundas sobre as rochas antigas desta região com o objetivo de preparar uma tese de doutoramento. Andrei obteve novos resultados e opiniões originais sobre a formação e a evolução das rochas magmáticas e metapelitos do Paleozoico Inicial em

Stara Planina Ocidental. Apresentou a sua dissertação para defesa, mas o Comité Geológico não concordou e propôs-lhe que alterasse as conclusões e apresentasse novamente a tese. Janichevsky respondeu de forma corajosa mas razoável "Não!", e assim o Eng. Andrei Janichevsky não se tornou "Doutor". Este facto, infelizmente, é o resultado da atmosfera de antipatia entre dois grandes clãs da geologia búlgara.

As montanhas Rhodopes e especialmente Strandzha (que nessa altura era considerada como parte das Rhodopes) atraíram-no. Os perfis preliminares tinham-lhe dito que as coisas não eram como os muitos geólogos tinham visto até então. Ele obteve já alguns factos novos que lhe deram razões para considerar que Strandzha é uma montanha jovem do ponto de vista litológico e tectónico (Borisov, 1981). Como geólogo nas Minas Estatais, A. Janichevsky escreveu em 1935 um relatório interno, incluído mais tarde (Janichevsky, 1946-f) no Geofund (a biblioteca onde estão depositados os relatórios das missões de campo dos geólogos). Com base nas informações contidas neste relatório, Andrei publicou o seu primeiro artigo com notas sobre os depósitos de minério de Plakalnica-Medna planina (Janichevsky, 1935). Nele, Janichevsky descreveu a geologia da concessão, sem fazer quaisquer recomendações. Segundo ele, a montanha de Vratsa é formada pelo anticlinal dos Balcãs Ocidentais, que começa nas imediações de Botevgrad e termina no vale de Timok, perto da cidade de Knyazevac, na Sérvia, e é o mais alto dos que constroem a Stara Planina Ocidental ... Entre as muitas falhas longitudinais no membro sul deste anticlíneo, a mais importante é a falha de Plakalnica, que começa em Lutybrod, passa pela montanha Medna Planina (Plakalnica), pelas aldeias de Ozirovo e Chuprene e ainda mais longe - 85 km de comprimento. Na área da concessão existem dois depósitos de minério - a montanha Medna Planina e a mais pequena, a montanha Buk. Os minerais apresentam-se sob a forma de impregnações "moscas" ou de veios dispersos em calcários dolomíticos, sob a forma de massas compactas de diferentes dimensões, não regulares ou lenticulares. Na maior parte dos casos, o minério atravessa a rocha estéril sem ser marcado. Os minerais do minério são: calcopirite, bornite, tetraedrite, galenite e esfalerite - todos contendo prata. A quantidade de minerais de cobre é 3-4 vezes maior do que a de chumbo-zinco. A génese do minério é metassomática. As soluções quentes vieram das profundezas através da falha de Plakalnica. As soluções substituíram o carbonato de cálcio por carbonato de magnésio e minerais de minério. Como resultado, as águas subterrâneas oxidaram as partes superiores e a montanha Buk, que é uma espécie de calota de ferro em relação ao depósito de minério da montanha Medna Planina.

Na rubrica "Vida da Sociedade Geológica Búlgara" da Revista da Sociedade Geológica Búlgara, ano X, fascículo 1 (1936), na página 85, pode ler-se que "Na reunião ordinária da Sociedade Geológica Búlgara de 24 de dezembro de 1936, o engenheiro-geólogo A. Janichevsky leu a conferência sobre "Estudos geológicos do distrito mineiro de Laky-Chepelare nos Rodopes Centrais". Em 18 de janeiro de 1937, "... os debates sobre o relatório foram realizados na reunião de 24 de dezembro de 1936 por A. Janichevsky. Os resultados são publicados no artigo de Janichevsky (1937) sobre a geologia dos campos de minério de Chepelare e Lakavica nas montanhas do Rodopes Central.

Estratigrafia. 1) As rochas cristalinas subdividem-se em duas séries - autóctones e alóctones.

A)   Série autóctone: gnaisses graníticos biotíticos, que constituem a maior parte da região. São provenientes de uma antiga intrusão granítica. Pararocks - séries de origem sedimentar que cobrem os gnaisses graníticos. Entre eles encontram-se: paragneisses - gnaisses foliáceos de microgrãos; anfibolitos - com diferentes teores de feldspato e quartzo; mármores, intercalando os anfibolitos. Os pegmatitos atravessam e injectam os pararockos.

B)   A série dos alóctones, situada discordantemente no autóctone e dividida deste por uma "rocha tectonicamente mista". A série alóctone é composta por: mármores - cinzentos, esverdeados, amarelos, cor-de-rosa, castanhos, passando por vezes a mármores arenosos; mica-esquistos com sericite, clorite, moscovite, passando frequentemente a anfibolitos.

2)   Rochas sedimentares. Encontram-se dissonantes no terreno cristalino e são representadas por xistos argilíticos betuminosos, margas e camadas marly-limy, em alternância com arenitos argilosos amarelos e cinzentos, dando-lhes um aspeto flysch. Para cima, passam a conglomerados de seixos e calhaus. Estas rochas Janichevsky refere-se ao antigo Terciário.

3)	Rochas eruptivas. Sobre os conglomerados encontra-se uma cobertura de rochas eruptivas e seus tufos. Com base nos estudos de G. Bonchev, ele determinou-as como quartzo andesito.

Tectónica. Diferentes autores apontam para a presença de um grande nappe dividido a partir do autochthon (substrato) de 5-30 m de rocha tectónica mista. O autochthon faz parte do membro norte do anticlinal do Ródopo Central.

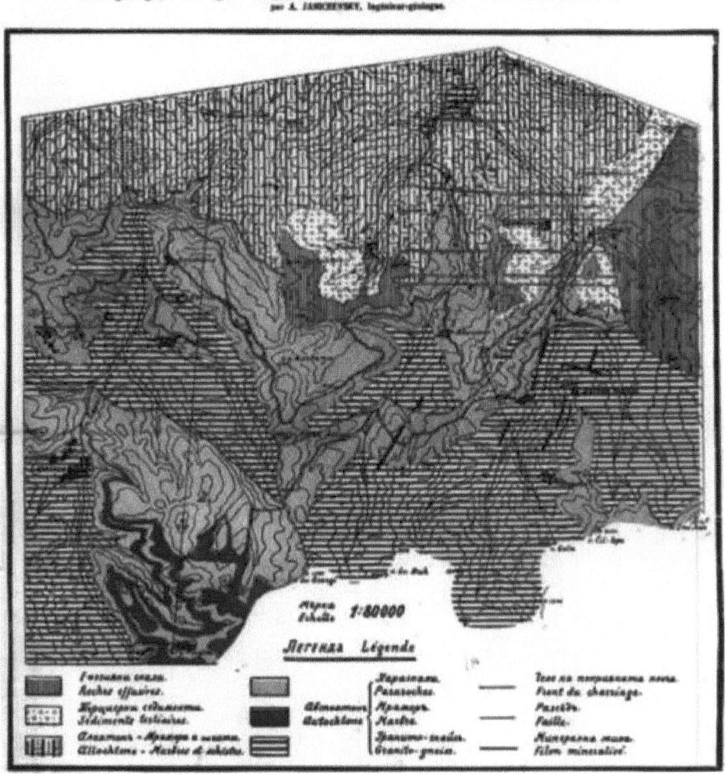

Esboço geológico dos campos de minério de Chepelare e Lakavica nos Rodopes Centrais

Jazidas de minério. O principal depósito de minério é o da concessão "Tsar Assen", bem como o da concessão estatal "Lakavica". Segundo Janichevsky (pág. 82), todas as jazidas de minério nos Rhodopes são, em certo sentido, simultâneas, geneticamente associadas a uma intrusão granodiorítica do Terciário. As manifestações externas desta intrusão são as rochas vulcânicas e as formações hidrotermais pós-vulcânicas. Janichevsky escreveu (páginas 84-85) que a "investigação Montanística demonstrou que afloramentos relativamente bons como os das minas "Balkan Mahala", "Djurkovo", "Kenandere", "Karnardere", "Drenovo", "Lakavica" e outras não representam grandes recursos naturais: os seus filões rapidamente se tornaram nulos e a quantidade de minerais está a diminuir gradualmente. Os fenómenos metassomáticos ... estão muito pouco desenvolvidos".

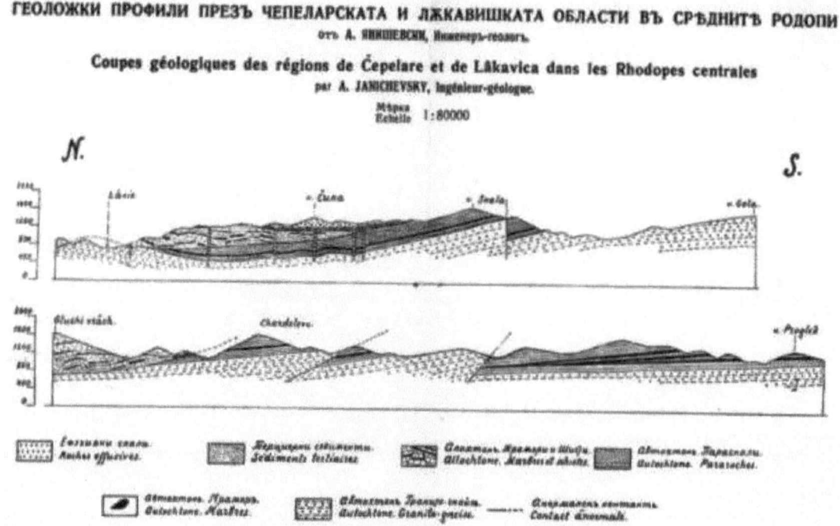

Secções geológicas nas regiões de Chepelare e Lakavica do Rhodopes Central

Conclusões. Os locais mais convenientes para o estudo serão as seguintes zonas: a "mina de Djurkovo", a "mina de Lakavica" e a zona de Pilevo - a leste da aldeia de Drenovo".

Em 1937, foi criada uma empresa mineira anglo-búlgara na cidade de Tran para a extração de minérios de ouro. A partir de 1939, iniciou-se a prospeção e a exploração da "Mina Zlata" perto da aldeia de Velinovo (ex Myslovshtitsa), que terminou em 1973 (recentemente o perímetro foi estudado também pela EUROMAX). Por volta de 1938-1939, os proprietários da empresa mineira confiaram a V. Tzankov e A. Janichevsky a realização de um mapa geológico pormenorizado de parte do perímetro da mina entre as aldeias de Busintsi (sudoeste) e Dushintsi e Stanyovtsi a sudeste da cidade de Tran e a investigação dos corpos de minério expostos. Os autores publicaram em francês os seus resultados na revista da Sociedade Geológica Búlgara, dedicada ao 70º aniversário do Prof. Stefan Bonchev (Tzankov, Janichevsky, 1940).

O artigo começa com a exposição da investigação estratigráfico-tectónica regional clássica. Existem na zona dois maciços graníticos, desmoronados por veios, que se prolongam nas rochas cristalinas do manto. Os autores estabeleceram dois tipos de formações de minério - Paleozóica e Mesozóica, sendo a Paleozóica mais importante para os minérios de ouro. De acordo com dados geológicos, geoquímicos e metalogénicos, o minério está ligado ao magma ácido. Os autores demonstraram que a área de distribuição dos elementos de ouro é zonal em torno da cúpula granítica, onde o ouro diminui com o aumento da distância da cúpula granítica, e no gnaisse do manto, a prata aumenta. As formações de minério são de dois tipos: 1) impregnação pirítica (sem ouro) e 2) veios de quartzo - nos quais o ouro predomina. O seu valor é de 1214 gr/t.

Por último, Tzankov e Janichevsky expressaram a sua gratidão à autoridade da mina por todos os serviços prestados, bem como por os ter autorizado a publicar os dados.

Esboço geológico da região mineira a sul de Tran Town, Sudoeste da Bulgária

No final da década de 1930, A. Janichevsky trabalhou muito na região ocidental de Stara Planina Mnts, estudando a metalogenia dos depósitos de minério de Chiprovtsi. Sobre este tema, escreveu um relatório preliminar e um relatório final sobre os estudos geológicos dos depósitos de minério de Gorni Lom-Martinovo-Chiprovtsi (Janichevsky, 1939-f,1940-f), bem como duas publicações (Janichevsky, 1942, 1946). No primeiro (Janichevsky, 1942) comentou os seus resultados sobre a metalogenia dos depósitos de minério de Chiprovtsi. A área de estudo situa-se a cerca de 30 km a noroeste da cidade de Berkovitsa. A sua exploração intensiva termina em 1688 após a supressão da Revolta de Chiprovtsi pelo poder otomano. A área é constituída por diabásios, rochas verdes, granitos porfiróides com biotite, granito aplítico e gabro. Durante a intrusão dos granitos nas rochas verdes e nos diabásios, estes últimos foram metamorfoseados termicamente, pneumaticamente e hidrotermicamente. A alteração térmica foi fraca. Os skarns são o resultado do impacto pneumático.

Depósitos de minério. No domínio da investigação, o autor subdividiu 3 zonas: Gorni Lom - Norte, Gorni Lom-Martinovo e Chiprovtsi-Jelezna. 1) Gorni Lom - Norte - os depósitos de minério encontram-se em diabásios que foram diafragmatizados. Os depósitos mais ricos foram explorados pelos antigos mineiros. 2) Gorni Lom-Martinovo. Situa-se a 50-200 m do granito. Os depósitos de minério encontram-se em rochas verdes, ricas em carbonatos. Os minerais de minério são pirotina, pirite, magnetite, arsenopirite, calcopirite e são como impregnações nas rochas. Não existem minas antigas. 3) Chiprovtsi-Jelezna. Situa-se a leste do maciço granítico e as massas de minério estão localizadas em mármores. A sua exploração é muito intensa. Os minerais de minério foram localizados em ninhos.

Esboço geológico dos depósitos de minério de Chiprovtsi

A génese. São referidos como minério metamórfico de contacto - resultado de emanações gasosas. Segundo Janichevsky nos campos de skarns o minério é de origem pneumatolítica, e nos veios - hidrotermal. No centro da intrusão granítica, os minerais são hipotermais, e na periferia - são meso-termais.

Conclusões: 1) a cintura de minério de Gorni Lom é interessante para minérios de cobre; 2) a metade ocidental da cintura de Gorni Lom-Martinovo é pobre em minério de cobre; 3) a parte oriental da mesma cintura é rica em magnetite - Janichevsky apreciou-a com 1000000 t/poro; 4) a parte ocidental da cintura de Chiprovtsi-Jelezna é interessante para minérios de chumbo e cobre. De um modo geral, Janichevsky considera o depósito de Chiprovtsi interessante para minérios de chumbo e cobre. Relativamente ao ferro, escreveu que a questão permanece em aberto. Provavelmente, os antigos mineiros utilizavam a limonite no chapéu de ferro, mas esta já estava esgotada. Na época em que Janichevsky explorou a área dos minérios de magnetite, com o seu grande teor de arsénico (na arsenopirite), não eram utilizáveis pela indústria do ferro e do aço.

Bonchev (1986, p. 117) - o conhecido tectonista búlgaro, com base no estudo de Janichevsky, escreveu que "a fase tectono-magmática hertzínica inicial ... forma uma estrutura positiva linear altamente desenhada na direção dos Balcãs, parte do anticlinório de Berkovitsa, para o qual, de acordo com Janichevsky (1942), o eixo afunda-se lentamente para leste".

Durante a Segunda Guerra Mundial, quando as tropas búlgaras substituíram as alemãs na região do Egeu, A. Janichevsky e I. Panayotov estavam em missão nessa região e estão a rever todos os locais de mineração nessa área. Os resultados destes estudos de revisão constam de um relatório depositado no Geofund em 1942 (Janichevsky, Panayotov, 1942-f).

Por volta de 1939, A. Janichevsky iniciou trabalhos de campo intensivos na montanha Strandzha, muitas vezes acompanhado pelo jovem (nessa altura) geólogo Grozdan Nikolaev, mais tarde professor na Universidade de Minas e Geologia. Os primeiros resultados estão resumidos nos relatórios de campo - Janichevsky, 1941-f e Janichevsky, 1942-f. É claro que, nessa altura, era normal passar a noite no chão da escola da aldeia e alimentar-se no pub rural ("krachma"). Desta época a Janichevsky também se atribuem as seguintes palavras (Borisov, 1981, p. 51): "O microscópio é um bom assistente para o petrografo, mas não é um tubo mágico para ver e compreender tudo através dele", ou seja, é preciso fazer e o campo funciona com o martelo!

Em 1941 foi inaugurado em Sófia um novo Instituto Superior, que depois de 9.09.1944 passou a chamar-se Politécnico Estatal; em 1949 foi alargado com as novas especialidades: Em 1949 foi alargado com novas especialidades: Engenharia de Minas e Geologia de Engenharia e A. Janichevsky foi eleito Docente (atualmente Professor Associado) para lecionar especialmente a Geologia dos depósitos de minério na Bulgária e no estrangeiro.

Depois de 9.09.1944 (o dia em que o Partido Comunista assumiu o poder na Bulgária), e após uma interrupção de cerca de 3 anos, A. Janichevsky continuou a sua investigação na montanha Strandzha.

Em 1946, o Serviço Geológico Búlgaro (*Direction pour les recherches Géologiques et Minière en Bulgarie*), no seu livro anual (Annuaire), volume 4, série A, publicou uma publicação de artigos, conhecida pelo nome de "Geologia da Bulgária". Nesta publicação, A. Janichevsky publicou 4 artigos.

No primeiro, Janichevsky (1946a) fez uma breve apresentação da geologia da Montanha Strandzha. Nessa altura, a Montanha Strandzha era uma das áreas menos conhecidas do ponto de vista geológico da Bulgária. A opinião era de que todas as rochas metamórficas ali existentes eram de idade pré-paleozóica e que a Montanha Strandzha era uma formação antiga, extensão oriental do Maciço Rila-Rhodopes, que nunca foi coberta pelas águas das bacias marítimas mesozóicas, com exceção das rochas do Cretáceo Superior, mencionadas na sua parte nordeste. A investigação de Janichevsky mostra uma imagem completamente diferente da geologia da Montanha Strandzha ... Nestes estudos, Strandzha não é um maciço antigo, mas uma cadeia montanhosa jovem, na construção da qual participam rochas mesozóicas - triássicas, jurássicas e do Cretáceo Superior. Os depósitos mesozóicos ... cobriram o granito hercínico e o seu manto metamórfico. Este último consiste em gnaisse de alta cristalinidade. Janichevsky provou que as rochas semi-cristalinas em Strandzha não são Paleozóicas, mas Mesozóicas e não é lógico considerar as altamente cristalinas como Arqueanas. Em seguida, Janichevsky prospectou o anticlinal de Strandzha Central com o seu milho de granito hercínico e manto metamórfico com intrusões de gabro e o seu membro norte de sedimentos triássicos, Lias-Dogger e Malm e o membro sul de rochas triássicas, sobre as quais se encontram transgressivamente as rochas jurássicas. Estas últimas não podem ser dissecadas em Lias, Dogger e Malm, mas apenas em dois horizontes. Sobre estas rochas encontram-se transgressivamente as rochas vulcano-sedimentares do Cretáceo Superior e os sedimentos do Terciário. Com o Terciário, surgiram novos movimentos tectónicos. As nappes são o elemento mais caraterístico da tectónica jovem da região. Agora, quando Janichevsky prova que a zona de Srednogorie é construída durante o Terciário, somos obrigados a aceitar que a atividade vulcânica sinorogénica é também do Terciário.

De seguida serão expostas algumas críticas sobre as publicações de Janichevsky para Strandzha. De acordo com Chatalov (1990) "A base da geologia moderna para a zona de Strandzha na Bulgária foi estabelecida pelo grande geólogo búlgaro A. Janichevsky (1946) ... A história do estudo geológico de Strandzha tem várias fases, durante as duas primeiras das quais predominou a ideia de que as rochas eram de idade arqueana e na terceira de idade paleozóica (Ksi4zkiewicz, 1930). A quarta fase começou em 1942 e está ligada ao nome de A. Janichevsky - fundador da geologia contemporânea da zona de Strandzha".

Janichevsky (1946a) sublinhou que o complexo cristalino superior inferior na montanha Strandzha, Sakar e nas montanhas Rhodopes é de idade paleozóica, e o superior é provavelmente mesozóico. Mais comum no nosso país é a noção de que o complexo inferior (Pra-Rhodopean, Ograzhden) tem uma idade Arqueana (?) e o superior (Rhodopean) - idade Proterozóica (Kozhuharov, 1984 e etc.) (Os novos dados mostram que em grande parte Janichevsky tinha razão - *Nota dos autores*). Característico para o período é a comprovação da idade Mesozóica para parte da rocha metamórfica baixa. O Sistema Jurássico na Montanha Strandzha foi estabelecido por Janichevsky (1946a), do qual ele relata *Trigonia costata* Sowerby da localidade Cappaclabunar (a norte da aldeia de Bliznak), bem como *Aequipecten textorius* Schlotheim, *Gryphea cymbium* Lamarck, *Aequipecten aequivalvis* Sowerby e *Trigonia costata* Sowerby, e o Cretáceo Superior é comprovado com as espécies - *Orbitolina concava* Lamarck e *Exogira columba* Lamarck (Janichevsky, 1942, dados não publicados).As primeiras jazidas de fósseis foram encontradas na aldeia de Golyamo

Bukovo, à volta da estrada que liga a aldeia de Varovnik a Grudovo. Este excelente investigador deixou os vestígios mais duradouros na história do estudo da área, criou os fundamentos modernos da estratigrafia, petrologia, tectónica e recursos minerais da zona de Strandzha e a elaboração de vários mapas geológicos originais numa base topográfica, sendo de particular importância os de 1944 e 1948. Constituíram a base sobre a qual se iniciou a cartografia geológica na região da zona de Strandzha. O seu esquema estratigráfico incluía: a) xistos cristalinos (manto metamórfico), interpretados como sedimentos paleozóicos alterados pelo metamorfismo de injeção dos batólitos hercínicos; b) Gabro paleozoico (mais antigo do que o granito); c) Triássico; d) Jurássico, para o qual Janichevsky (1946) propôs as seguintes subdivisões: Lias-Dogger, Oxfordian-Kimmeridgian e Tithonian. No entanto, como as provas paleontológicas foram apresentadas apenas para o Liassic-Dogger, este esquema foi adotado em todos, sem exceção e dominou até 1978 (Chatalov, 1978); e) Cretáceo Superior, disposto transgressivamente em substrato dobrado; f) Terciário-Neogénico. As principais unidades estruturais são o anticlíneo de Strandzha Central, um anticlíneo "ocidental" e um anticlíneo "oriental". A formação do anticlinal é "... feita no Cretáceo Inferior ou na fronteira entre o Cretáceo Inferior e Superior (provavelmente durante a orogénese austríaca) ... " (Janichevsky, 1946, p. 381).

A tectónica jovem manifestou-se "antes através de uma das fases orogénicas posteriores, em vez disso o Laramiano foi demasiado turbulento e levou à formação de nappes, magmatismo sinorogénico e dínamo-metamorfismo" (Janichevsky, 1946a, p. 386). Os minérios de ferro do Jurássico foram estabelecidos pela primeira vez por Janichevsky. Em 1945, Janichevsky

(1946a, p. 386) relacionou o dínamo-metamorfismo dos sedimentos mesozóicos com "... algumas das fases orogénicas posteriores em vez da fase Laramiana", uma vez que a formação de xistos cristalinos é o resultado do fenómeno metamórfico de injeção causado pelos granitos Hercínicos.

Em homenagem a A. Janichevsky, Chatalov (1983) chamou à fronteira tectónica na qual as rochas alóctones de Strandzha foram sobre-empuxadas sobre as rochas autóctones - "Janichevsky Overthrust Dislocation".

Segundo Bonchev (1986), Janichevsky (1946a, p. 382) chamou a atenção para o facto de as rochas paleozóicas do núcleo do anticlinal de Strandzha serem totalmente comparáveis às de West Stara planina... A distribuição generalizada de rochas metamórficas em Strandzha foi motivo suficiente para os primeiros investigadores da geologia búlgara aceitarem Strandzha como a extensão imediata do maciço de Rhodopes (Hochstetter, 1870; Schaffer, 1904). Os segundos pontos de vista devem-se a Janichevsky (1946a). Ele provou a distribuição generalizada de sedimentos do Triássico e do Jurássico, a maioria dos quais metamorfoseados em diferentes graus. De acordo com Janichevsky (1946a), a área de Strandzha foi dobrada durante o meio do Cretáceo. Formaram-se então algumas estruturas anticlinais que representam o esqueleto tectónico da montanha. As estruturas positivas foram complicadas suplementarmente por novos sobrefortes e nappes com inclinação para norte. Nas estruturas de Strandzha participam também os sedimentos do Cretáceo Superior e os plutões Laramianos. As principais estruturas do esqueleto do Strandzha, de acordo com Janichevsky (1946a), são o anticlinal do Strandzha Central, o anticlinal Ocidental e o anticlinal Oriental (este último é agora conhecido como Estrutura Stoilovo) ... e o anticlinal do Strandzha Central foi caracterizado como um anticlinório com distribuição significativa para Noroeste, fora do âmbito da montanha. O Anticlinal de Strandzha Central para Leste atinge a linha de Zvezdets. Uma parte significativa deste e do "Anticlíneo Ocidental" está localizada em território turco. A partir de Norte, o Anticlinal de Strandzha Central é cortado pelo eixo subparalelo ao deslocamento de Bosna, antes do qual se situa a zona do anticlinal de Strandzha Norte. Sobre a área de Strandzha não se pode provar uma formação estrutural da Ciméria tardia. Isto é ainda menos verdadeiro para a idade do metamorfismo. Os estudos subsequentes levaram-nos à opinião de Ksi4zkiewicz e Janichevsky sobre a Formação Estrutural Austríaca (Orogénese Austríaca).

Kulaksazov et al. (1962) observou que "primeiro Janichevsky provou com fósseis a presença do Cenomaniano e do Turoniano entre as aldeias de Stefan Karadjovo e Golyamo Bukovo, e perto das aldeias de Vizitsa, Gramatikovo e Kondolovo (Janichevsky, 1942, 1947)".

No artigo seguinte, Janichevsky (1946b) descreveu o problema dos depósitos de minério de ferro na montanha Strandzha. Durante a dobragem da montanha, que teve lugar no início do Terciário, foi introduzido magma nestas rochas, que as metamorfoseou e foi introduzido sob a forma de muitos plutões hipabissais, com uma composição diversa - do gabro ao granito.

A presença de plutões jovens entre as rochas calcárias do Mesozoico e a presença de depósitos de ferro do Jurássico dão o direito de assumir que na Montanha Strandzha devem existir depósitos de minério úteis. Os depósitos de minério de ferro, pela sua origem, podem ser atribuídos a 4 tipos: os dois primeiros estão relacionados com a atividade magmática dos plutões jovens, e os restantes estão relacionados com o ferro contido nos sedimentos do Jurássico.

Depósitos de minério: 1) Depósitos de minério de magnetite em resultado de contacto intrusivo. A intrusão de plutões jovens em formações calcárias mesozóicas transformou-os em skarns de granada e granada-epidoto e vários hornfels, entre os quais se encontram depósitos de magnetite - aldeia de Krumovo (minas "Blagovest" e "Krumovo"). Do mesmo tipo existem em Strandzha, mas não foram encontrados depósitos significativos. 2) Depósitos hidrotermais de hematite. Nalgumas rochas, ricas em quartzo secundário, situadas perto dos plutões jovens, existem inclusões de hematite (mica de ferro), que foram exploradas por mineiros romanos (por exemplo, em torno da aldeia de Zabernovo). 3) Depósitos hipergénicos de limonite. Foram formados pela sedimentação do ferro, derivado dos sedimentos Lias-Médio Jurássico. Estes sedimentos do Jurássico entre as aldeias de Golyamo Bukovo, Bogdantsi e Zvezdets, bem como noutros locais

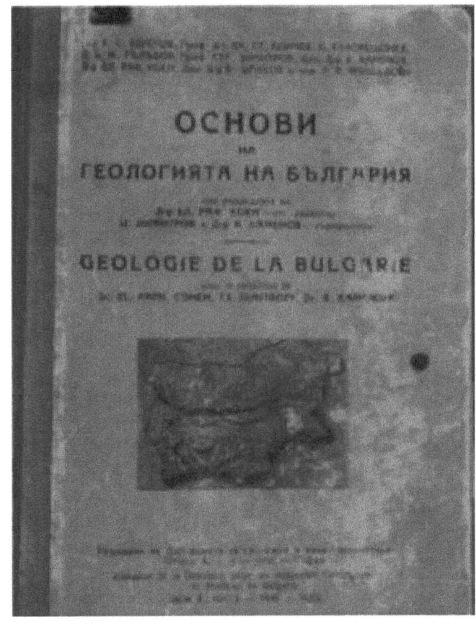

Capa do Anuário da Direção para as Pesquisas Geológicas e Mineiras na Bulgária, Série A, Vol. 4, 1946

da Bulgária e em quase toda a Europa, contêm ferro, mas o seu teor não é suficiente para a exploração. Através do processo hipergénico, este ferro foi ressedimentado, substituindo o xisto argiloso e os arenitos e formou vários depósitos de minério de limonite entre as aldeias de Golyamo Bukovo e Zvezdets (amostra com teor médio de 42,73% de ferro e 20,18% de substância quartzosa). Os stocks são desconhecidos. 4) Hematite (mica de ferro) nos mármores e quartzitos. Estas rochas metamórficas encontram-se nas rochas mesozóicas, e pode-se supor que aparecem modificadas em sedimentos do Jurássico Inferior e Médio. A sul da aldeia de Brashlian, este minério foi explorado - existem escavações antigas.

O terceiro artigo de Janichevsky (1946c) neste processo é dedicado ao depósito de minério de ferro em torno da aldeia de Krepost, distrito de Haskovo. As rochas são constituídas por conglomerados, arenitos, xistos e mármores que se encontram entre si na direção horizontal e vertical. A idade das rochas é considerada paleozóica.

A poucos quilómetros a leste de Bedtepe, existem ortognaisses à superfície. Todas as rochas são bem processadas pelo metamorfismo dinâmico. Há indicações de que as rochas sofreram metamorfose de contacto em ligação com os magmas graníticos introduzidos, transformando-se depois em ortognaisses. O minério consiste em muitas intercalações lenticulares leves de hematite (mica de ferro) juntamente com magnetite martitizada, que são intercaladas por arenitos estratificados. A origem do depósito de minério é sedimentar-metamórfica. O quarto artigo de Janichevsky (1946d) no processo é dedicado aos campos de ferro em Chiprovtsi Balkan. Neste artigo, o autor concentrou-se apenas no depósito de ferro. Para ele, trata-se de um exemplo maravilhoso de uma distribuição zonal de corpos de minério em torno do maciço eruptivo. "Na metade ocidental da área, situa-se nos granitos paleozóicos da "formação granítica dos Balcãs". A norte, o granito é rodeado por diabásios e a sul e a leste por xistos cinzento-esverdeados. A leste, no xisto, encontram-se estratos de mármore. Todas as rochas em contacto com o granito estão metamorfoseadas. Quando o campo está localizado paralelamente ao maciço granítico, entre eles, nos hornfels existem depósitos de pirotina e pirite com alguma magnetite e por vezes - com calcopirite. A leste, o teor aumenta acentuadamente na cintura de magnetite e surge a arsenopirite.

Afastando-se das apófises aparecem minerais de baixa temperatura - siderite, calcopirite e pirite de segunda geração, tetraedrite, galenite e quartzo depositados no caminho da metassomatose. Os documentos históricos mostram que em Chiprovtsi se obtinha ferro, chumbo e cobre, ouro e prata. A conclusão de Janichevsky (página 429) não difere do que já foi publicado por ele em 1942: "O arsénico é originário da arsenopirite. A sua presença em tal quantidade torna o minério agora inelegível para processamento." A análise e as conclusões são feitas sem novos trabalhos de prospeção significativos, principalmente em observações de superfície.

Janichevsky (1947) dedicou o artigo seguinte à "questão da idade dos xistos cristalinos e das rochas eruptivas no Sul da Bulgária e às suas principais linhas de estrutura geológica". Este artigo representa uma generalização da geologia, estratigrafia e estrutura tectónica do Sul da Bulgária. O autor começou com uma Introdução, na qual sublinhou o quanto mudaram nos últimos tempos as opiniões sobre a estrutura do Sul da Bulgária. Assim, as noções preliminares sobre a sua estrutura como maciço intermediário arqueano (Süss, 1883-1908) - o maciço intermediário trácio, formado entre os dois ramos da orogenia, sendo uma massa inerte, Janichevsky supôs que se trata de uma zona interna dos Dináridos com uma tectónica puramente alpinotípica.

O artigo está dividido em três grandes partes: Rochas metamórficas e eruptivas e Geologia do Sul da Bulgária.

Rochas metamórficas

O primeiro problema fundamental da geologia do sul da Bulgária, depois de A. Janichevsky, representava as rochas metamórficas. O autor aceitou uma estrutura de duas camadas das rochas metamórficas e cristalinas na Bulgária: horizonte inferior - rochas sedimentares altamente metamorfoseadas e horizonte superior - rochas pouco metamorfoseadas com muitos mármores, designadas por Str. Dimitrov (1946) Suite Rhodope. Ao horizonte inferior, em diferentes partes da Bulgária, foram atribuídas diferentes rochas. Assim, na montanha Strandzha, as rochas altamente metamorfoseadas situam-se abaixo dos sedimentos mesozóicos e representam a cobertura metamórfica dos antigos granitos e são compostas por gneisses, xistos biotíticos, quartzitos, orto e para anfibolitos com raras intercalações de mármores e todas estas rochas estão relacionadas por transições entre elas. Todas estas rochas são atravessadas por numerosos pegmatitos. A oeste, nos Rodopes Centrais, as rochas altamente metamorfoseadas são representadas pelas mesmas rochas - paragneisses com transição para anfíbolitos com intercalações de mármores. Nos Rodopes do Sul estão representadas por diferentes paragneisses e mica-xistos, acompanhados de anfíbolitos e mármores. Nos Rodopes do Sudeste, o horizonte altamente metamorfoseado também é representado pela alternância de paragneisses, micaschistos e intercalações de mármores. Mas nos Rodopes Ocidentais, juntamente com os gnaisses, os mica-esquistos e os paraanfíbolitos, atravessados por pegmatitos, existem também leitos espessos de mármores, mas uma grande parte dos mármores, depois de Janichevsky, faz parte do alóctone do nappe Lukavitsa, com intrusão dos granitos Rila-Rhodopes. Depois dele, as rochas do horizonte inferior representavam inicialmente rochas sedimentares predominantemente metamorfoseadas. A situação é mais ou menos análoga na Montanha Ograzhden (onde são ligeiramente metamorfoseadas e são referidas como parte da Formação Diabase-Phylitoid); na Montanha Pirin o grau de metamorfismo é gradualmente mais fraco quando as rochas estão longe dos granitos e são lentamente substituídas por xistos verdes com clorite. Janichevsky concluiu que todas as rochas altamente metamorfoseadas no Sul da Bulgária formaram um complexo com idade paleozóica. Talvez existam também algumas rochas mais antigas do que o Paleozoico. As rochas do horizonte superior (menos metamorfoseadas) surgem nas partes ocidental e oriental do Sul da Bulgária, bem como nos Rhodopes e, segundo Str. Dimitrov (1946) são paleozóicas. No Sudoeste da Bulgária, as rochas são menos metamorfoseadas e pertencem à fácies xisto verde. No Sudeste da Bulgária, as rochas menos metamorfoseadas têm uma idade paleontológica comprovada do Mesozoico - Triássico e Jurássico. Mais específicas são as rochas do horizonte superior nas Montanhas Rhodopes Centrais, denominadas Rhodopes Suit. A maior parte é constituída por diferentes mármores, com intercalações de mica-esquistos. Para eles, por raciocínio lógico, concluiu que também são mesozóicos. A proposito Janichevsky (1947, p. 21) observou que G. Bonchev (1919), que apoiava a ideia da idade Arcaica dos mármores dos Rodopes, para os mármores ligeiramente cristalizados nas proximidades de Assenovgrad (ex Stanimaka) supôs que eles são provavelmente Paleozóicos ou Mesozóicos. No que diz respeito à estrutura tectónica dos Ródopes, Janichevsky junta-se à opinião de Jaranoff (1938) de que nos Ródopes existem duas grandes nappes - a de Lukavitsa e a de Orehovo, e a esta última também atribui a Nappe Smilyan-Trigrad, preservada como clipes de mármores breccia-conglomeráticos, situados acima das rochas do Paleogénico. Ele aceita a opinião de E. Bonchev (1946) de que o Marica-Narbe (Marica-Lineament), que divide a orogenia alpina em terras búlgaras em dois ramos: sul, incluindo os Dináridos e o seu prolongamento oriental - Montanhas Rhodopes, Pirin e Rila, e norte - Stara Planina Mnts. (Montanhas dos Balcãs), Strandzha e Sakar. Não concorda com E. Süss quanto ao facto de os Rhodopes serem um maciço interno, bem como com Jaranoff (1938) quanto ao desenvolvimento de bacias marítimas em torno dos Rhodopes.

Rochas eruptivas

O segundo problema fundamental da geologia do Sul da Bulgária dizia respeito à idade das rochas eruptivas - intrusivas e vulcânicas. Andrei Janichevsky concordou com Str. Dimitrov (1946) sobre a presença no Sul da Bulgária de dois tipos de rochas eruptivas. O primeiro, especialmente os granitos, introduzidos nas rochas do horizonte inferior de rochas metamórficas - são mais antigos, provavelmente do Paleozoico e os granitos mais jovens, introduzidos nas rochas do horizonte superior - talvez do Mesozoico ou Terciário.

Rochas eruptivas mais antigas (Paleozoico?). A maior parte delas está metamorfoseada em ortognaisses. Em Strandzha estão progressivamente cobertos por sedimentos do Triássico ou do Cretáceo Superior, que não apresentam um grau mais elevado de metamorfismo em direção ao granito, ou seja, não há metamorfismo de contacto. Nos Rodopes Centrais, os granitos foram introduzidos em gnaisses, mica-xistos e paraanfibolitos de idade paleozóica, pelo que estes granitos são mais jovens. Este tipo de granitos também se encontra em Monastir e St. Ilia Heights (Sveti Iliiski Visochini), na parte sul de Sakar e nos Rhodopes Orientais. A presença destes granitos não está associada a jazidas de minério. A sua idade é provavelmente siluriana e devoniana. Entre os granitos do Paleozoico, podemos dividir também o granito

Osogovo, que é Herzyniano, introduzido em xistos verdes com a formação de pequenos depósitos de minério.

Granitos mais jovens e outras rochas eruptivas jovens. A presença de rochas intrusivas ácidas jovens foi comprovada por muitos autores nas proximidades de Burgas, nas montanhas de Vitosha e Plana, bem como em Strandzha. Todas elas pertencem à família dos sienitos, dioritos e gabros. O estudo de A. Janichevsky provou pela primeira vez que em Strandzha existiam não só rochas médias e básicas, mas também granitos ácidos. Os granitos jovens existem também noutras partes do sul da Bulgária - em Rila, Pirin e nos Rhodopes Ocidentais, onde estruturam o maior batólito jovem Rilo-Rhodopes. Os granitos jovens foram introduzidos, provavelmente, no início do Paleogénico e pertencem predominantemente ao grupo dos granitos plagioclásicos. A atividade magmática jovem causou a formação de muitas formações de minério em torno dos maciços graníticos jovens. Em relação aos diferentes plútons, existe uma regularidade na distribuição das jazidas de minério: com os plútons de gabro encontram-se os maiores depósitos de magnetite (Monastir Heights); com os plútons de diorito e sienito estão ligados depósitos de minério de calcopirite, pirite, parcialmente hematite e molibdenite -

de tipo de veios (perto de Burgas e Sozopol); com os granitos jovens estão ligados depósitos de minério de magnetite, pirotina, calcopirite (em Strandzha Mnt.). A atividade magmática no sul da Bulgária continua com a formação de rochas vulcânicas - riolitos, traquitos, andesitos e rochas efusivas de transição entre elas.

Geologia da Bulgária do Sul

As rochas que estruturaram o embasamento são silurianas e das formações xistosas verdes. Na época dos dobramentos paleozóicos da crosta terrestre, em todas estas formações foi introduzido magma ácido, que passou a granitos e, nalgumas localidades, a granitos anfibólicos e biotíticos. Durante o Mesozoico a história geológica não é tão clara. É muito provável que toda a Bulgária meridional tenha sido coberta pelo mar, no qual se depositaram grossos calcários, arenitos e argilitos.

O primeiro movimento orogénico teve lugar durante a orogénese austríaca e manifestou-se pela formação da grande nappe Lukavitsa na parte norte dos Rodopes

Centrais. O início do Terciário foi marcado pela intrusão de novo magma em poucos impulsos. Durante o primeiro impulso foram introduzidos pequenos maciços de gabro, diorito e sienito - os maciços de Vitosha, Plana e estes em torno da cidade de Peshtera e Plovdiv; durante o segundo impulso foram introduzidos grandes maciços de lava ácida, a partir dos quais foram estruturados os granitos de Rila, Pirin e Rhodopes ocidentais.

Durante o Eocénico e o Oligocénico, o Sul da Bulgária foi novamente coberto por bacias marítimas nas quais se depositaram sedimentos de grão grosso. O Terciário também foi marcado por efusões espessas de rochas vulcânicas, predominantemente riolito e parcialmente andesito. O momento mais jovem da evolução do Sul da Bulgária é caracterizado por movimentos verticais positivos da crosta terrestre, que tiveram início durante o Miocénico, o Pliocénico e o Quaternário.

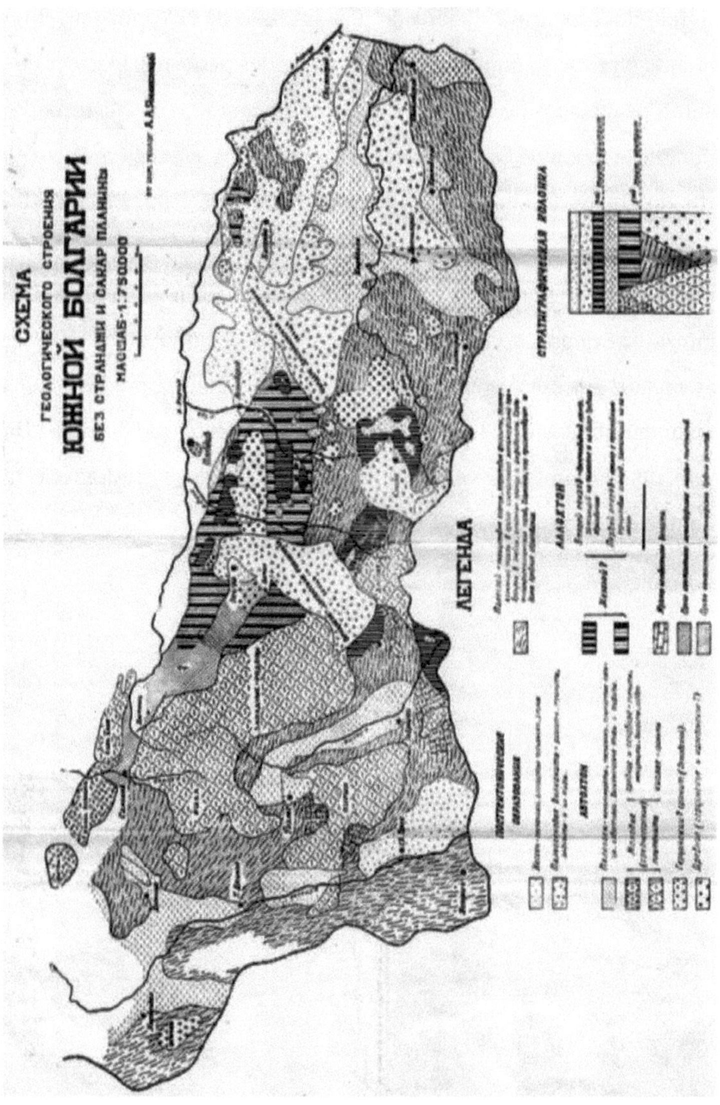

Esboço da estrutura geológica do Sul da Bulgária sem as montanhas Strandzha e Sakar

Participação na vida da Sociedade Geológica da Bulgária

O Eng. A. Janichevsky participou ativamente na vida organizativa da Sociedade Geológica da Bulgária: Membro do Conselho de Controlo (1946), Membro do Conselho Editorial (1947) e Secretário do Conselho da Sociedade Geológica Búlgara (1948).

Morte

A família de Andrei Janichevsky vivia na sua casa, situada na esquina da Dragan Tzankov Blvd. com a Dobri Voynikov Street em Lozenets, Sofia, perto do Politécnico Estatal. A partir de 1944, alojaram na sua casa a família de Docoutchaeff, cuja casa foi destruída pelas bombas americanas durante a Segunda Guerra Mundial. Em 1947, A. Janichevsky participou num concurso para o grau científico de Docente (atualmente Professor Associado) no Politécnico Estatal, que obteve. Depois disso, começou a ler o curso universitário de Recursos Minerais, no qual dedicou muito espaço aos recursos minerais búlgaros, em relação aos quais era, na altura, o melhor especialista. Na noite de 5 de fevereiro de 1949, depois de celebrar o aniversário da fundação do Politécnico Estatal, com colegas que também leccionavam no Politécnico, seguindo a antiga tradição búlgara de celebrar o acontecimento com uma pequena bebida, os colegas estavam reunidos à volta de uma mesa. Nesta altura, Andrei Janichevsky também está presente. Nessa altura, o edifício do Politécnico Estatal na Dragan Tzankov Blvd. ainda não estava totalmente concluído. A festa realiza-se no piso inferior e o piso superior está apenas coberto. Depois de terminada a festa, Andrei subiu ao terceiro andar (em vez de subir ao segundo!) e, na escuridão, devido à sua baixa visão (tem Daltons), caiu no poço do elevador que não estava seguro. Os colegas transportaram-no imediatamente para o Alexander's Hospital - o maior de Sófia naquela altura. Lá, o pessoal médico não lhe prestou atenção - "Um bêbedo russo! São todos alcoólicos!". De manhã, a sua mulher Olga fez um escândalo por o Professor Janichevsky não ter regressado a casa e queria saber qual era a sua situação médica. Imediatamente o pessoal do Hospital compreendeu que o "bêbado russo" era filho do Prof. Alexey Janichevsky, e a melhor equipa cirúrgica fez uma operação de emergência, mas já era tarde demais! Tão absurdo e triste, a 6 de fevereiro de 1949 faleceu aos 45 anos de idade o Prof. Andrei Alexeyevich Janichevsky, este grande geólogo búlgaro de origem russa. Mais tarde, a sua mulher Olga Nikolaevna casou com o médico Karamishev e repatriou com ele para a União Soviética.

Com a sua curta vida e presença criativa na Bulgária e na geologia búlgara, Andrei Janichevsky brilhou como uma estrela, parte da constelação de um grupo notável de geólogos búlgaros da primeira metade do século XX.

A lápide do túmulo de Doc. Eng. Andrei Janishevsky no cemitério de Sófia

BIBLIOGRAFIA

Publicações (segundo Spasov et al., 1978):

Janichevsky, A. 1935. Note sur le gisement minier de Plakalnica-Medna planina. - *Geologica balc.* 1, 2, 78-84.

Janichevsky, A. 1937. Contribuição para a geologia dos Campos Minerais de Chepelare e Lakavitsa nas Montanhas Rhodopes Centrais. -Revista *da Sociedade Geológica da Bulgária, 9*, 2, 67-92 (em búlgaro).

Tzankov, V., A. Janichevsky. 1940. Études géologiques de la région minière au Sud de la ville de Tràn. - *Revista da Sociedade Geológica da Bulgária. 11*, 1-3, 411-424.

Janichevsky, A. 1942. A metalogenia dos depósitos de minério de Chiprovtsi. - *Annuaire de la Direction pour les Recherches Géologiques et Minières en Bulgarie, A, 2,*109-144 (em búlgaro).

Janichevsky, A. 1946a. Uma Breve Exposição sobre a Geologia da Montanha Strandzha. - *In*: Geology of Bulgaria. Sofia, *Annuaire de la Direction pour les Recherches Géologiques et Minières en Bulgarie, A, 4*, 380388 (em búlgaro).

Janichevsky, A. 1946b. Depósitos de minério de ferro na montanha Strandzha. - *In*: Geology of Bulgaria. Sofia, *Annuaire de la Direction pour les Recherches Géologiques et Minières en Bulgarie, A, 4*, 422-424 (em búlgaro).

Janichevsky, A. 1946c. Os depósitos de minério de ferro à volta da aldeia de Krepost, distrito de Haskovo. - *In*: Geology of Bulgaria. Sofia, *Annuaire de la Direction pour les recherches Géologiques (em búlgaro).et Minières en Bulgarie. A, 4*, 424-426 (em búlgaro).

Janichevsky, A. 1946d. Os depósitos de ferro em Chiprovtsi Balkan. - *In*: Geology of Bulgaria. Sofia, *Annuaire de la Direction pour les Recherches Géologiques et Minières en Bulgarie. A, 4*, 428-429 (em búlgaro).

Janichevsky, A. 1947. Sobre o problema da idade dos xistos cristalinos e rochas eruptivas no Sul da Bulgária e a linha geral da sua estrutura geológica. - *Revista da Sociedade Geológica da Bulgária, 15-19*, 107- 148 (em búlgaro).

Relatórios no Fundo Geológico Nacional (Geofund) da Direção "Recursos Naturais e Concessões", Departamento "Serviço Geológico Nacional" do

Ministério da Economia

Janichevsky, A. 1939-f. Relatório preliminar sobre os estudos geológicos do Depósitos de minério de Gorni Lom-Martinovo-Chiprovtsi em 1939. - *Geológica Fundo,* I-0012 (em búlgaro).

Janichevsky, A. 1940-f. A Metalogenia de Chiprovtsi Balkan. - *Geológico Fundo*, I-0018 (em búlgaro).

Janichevsky, A. 1941-f. Relatório: Geologia de Strandzha Central e Noroeste Montanha. - *Fundo Geológico,* IV-0023 (em búlgaro).

Janichevsky, A. 1942-f. Relatório preliminar: Geology and ore deposits in the Strandzha mountain between the villages of Stefan Karadjovo and Tagarevo. - *Fundo Geológico*, I-0058 (em búlgaro).

Janichevsky, A., I. Panayotov. 1942-f. Relatório sobre: Geológico e estrutural estudo em todos os sítios mineiros da Trácia Egeia. - *Fundo Geológico*, I-0019 (em búlgaro).

Janichevsky, A. 1945a-f. Minérios de ferro jurássicos na montanha Strandzha. - *Fundo Geológico*, I-0070 (em búlgaro).

Janichevsky, A. 1945b-f. Relatório sobre as investigações geológicas preliminares da parte oriental da Montanha Strandzha em 1943-1944. - *Fundo Geológico,* I- 0076 (em búlgaro).

Janichevsky, A. 1945c-f. Relatório: Preliminary Results from the study of the iron ore deposits in the village Krepost, Haskovo. - *Fundo Geológico,* I-0033 (em búlgaro).

Janichevsky, A. 1946a-f. Relatório sobre a visita aos sítios mineiros na região de Vratsa. - *Fundo Geológico,* I-0037 (em búlgaro).

Janichevsky, A. 1946b-f. Contribution to the Geology of Strandzha Mountain between the villages of Stefan Karadjovo and Golyamo Bukovo. - *Fundo Geológico*, I-0059 (em búlgaro).

Janichevsky, A. 1947a-f. Preliminary Report on the Geological structure and Ore deposits in the central part of the Strandzha Mountain. - *Fundo Geológico*, I-0073 (em búlgaro).

Janichevsky, A. 1947b. Report on geological exploration of the western part of Strandzha Mountain in the region of the villages of Voden, Elhovo District and other coal fields. - *Fundo Geológico,* II-0059 (em búlgaro).

Janichevsky, A. 1947c-f. Relatório: Estudos geológicos da concessão estatal "Lukavitsa". - *Fundo Geológico,* I-0061 (em búlgaro).

Michevsky, A., A. Janichevsky. 1947-f. Mapa geológico da parte búlgara da montanha Strandzha. - *Fundo Geológico,* II-0037 (em búlgaro).

Janichevsky, A. 1949-f. Report on the Geological Studies of the iron fields near the village Krepost. - *Fundo Geológico,* I-0101 (em búlgaro).

Dr. Rostislav Sergeyevich Beregov (Ростислав Сергеевич
Берегов) (1908-1946) - o geólogo com grande coração

Resumo. O Dr. Rostislav Beregov é um geólogo búlgaro de origem russa, que trabalhou especialmente na estratigrafia e paleontologia do Terciário, nas bacias carboníferas do Terciário, bem como na geologia e tectónica regional mesozóica e neozóica da Bulgária. É autor de 17 artigos científicos e 24 relatórios geológicos internos.

Vida

Rostislav Beregov foi um proeminente geólogo búlgaro que viveu na primeira metade do século XX. Talento brilhante, organizado e extremamente trabalhador, destaca-se com os seus primeiros passos como geólogo e brilha como um meteoro no céu da ciência búlgara. Rostislav nasceu a 5 de janeiro de 1908 em São Petersburgo, no Império Russo. Após a Revolução de outubro, a sua família emigrou em 1919 para Sevastopol, onde Rostislav concluiu a primeira classe da escola secundária inferior.

O seu pai, Sergey Alexandrovich Beregov (1876 - 1944?), era um oficial de artilharia formado na Escola de Artilharia Mihaylov de São Petersburgo, que participou na Primeira Guerra Mundial e na Guerra Civil da Rússia, do lado do Exército Branco.

Por conseguinte, em 1920, a família embarcou na difícil via da emigração, provavelmente para a Bulgária através do Campo de Gallipoli. Instalaram-se primeiro em Nova Zagora e, passados quatro meses, mudaram-se para Tarnovo Seymen (atualmente Simeonovgrad) (no sul da Bulgária), onde existia uma colónia russa bastante grande num quartel militar abandonado. Em 1924, a família Beregov mudou-se para Sófia. O pai começou a trabalhar no depósito de eléctricos. Depois de 9 de setembro de 1944, a sombra de um oficial czarista pairou sobre Sergey Beregov e ele, juntamente com toda a direção da Direção de Eléctricos e Relâmpagos, foi preso pelos serviços comunistas e desapareceu sem deixar rasto. Não se sabe onde está a sua sepultura nem quando foi morto. Nos anos fora da Rússia, a mãe de Rostislav, Alexandra Petrovna Beregova (nascida Morozova) (1883-1974), era uma dona de casa, mas continua a ser uma amante da família.

Em Sófia, Rostislav concluiu o Liceu Clássico e inscreveu-se na Universidade de Sófia, no Departamento de Ciências Naturais, embora a sua mãe quisesse muito que ele se tornasse médico. Em 1931, licenciou-se na Universidade e, durante o ano letivo de 1931-1932, leccionou no Liceu Russo de Sófia. No mesmo ano de 1932, apresentou um relatório sobre o abastecimento de água com uma perfuração de 2000 metros - um problema que resolveu com sucesso (Beregov, 1932-f). Rostislav casou com Evgeniya Evgenievna Shaytanova (1915, Rússia - 2012, Sófia). O seu pai, o Eng. Evgeniy Evgenyevich Shaytanov (1883-1936) foi coronel de artilharia, participante na Guerra

Russo-Japonesa, na Primeira Guerra Mundial e nas Guerras Civis, sepultado no Cemitério de Sófia, e a sua mãe, Alexandra Vassilievna Shaytanova, era hospedeira. Evgeniya estudou no Liceu Russo de Novas Línguas de Varvara Pavlovna Kuzmina, em Sófia, e depois no colégio feminino francês "St. Joseph", em Sófia, e licenciou-se no Colégio Francês de Russe e, mais tarde, em filologia francesa na Sorbonne (Paris). Evgeniya Evgenievna Beregova trabalhou como tradutora-intérprete na Organização de Construção Estatal Búlgaro-Soviética "Sovbolstroy" - Sófia, na União de Cientistas da Bulgária e noutras organizações estatais. Após a morte do Dr. R. Beregov, casou-se mais tarde com Vladimir Koutikov, um proeminente professor de Direito Internacional. Evgeniya Evgenievna Beregova-Koutikova morreu em 2012 e foi sepultada no cemitério católico de Sófia, porque o seu segundo marido era de religião católica e, por respeito a ele, ela mudou a sua religião de ortodoxa para católica.

E. E. Shaytanova - futura esposa do Dr. R. Beregov (a segunda a contar da direita na segunda linha, com "Е.Е.Ш.") enquanto aluna no liceu de V. P. Kuzmina em Sófia (cerca de 1933) (Pchelinceva, Popcheva, 2013)

Como estudante, um de nós (Todor Nikolov), no final de 1952, foi aceite, a seu pedido, pela Sra. E. Beregova-Koutikova em casa do seu segundo marido. Depois de o apresentar ao Prof. Koutikov, este retirou-se e então Evgenia recordou a T. Nikolov o seu Rosty, como ela lhe chamava quando falava de Rostislav Beregov - com amor e admiração.

O filho do Dr. R. Beregov, Alexander Rostislavovich Beregov (1943, Sófia), é um engenheiro eletrotécnico projetista, inscrito na secção "Engenharia eléctrica, automação e equipamento de comunicações" do Registo de engenheiros com capacidade plena de projetista da Câmara de Engenheiros de Design de Investimento.

Anos de criatividade científica

O Dr. Rostislav Sergeyevich Beregov é uma das figuras mais espantosas da geologia búlgara do século XX. A natureza, ao contrário do destino, foi generosa com ele. Dotado e trabalhador, tem uma educação adequada às condições da época no nosso país. Pode dizer-se que, na Universidade de Sófia, cresceu na escola do Prof. St. Já no desenvolvimento da sua tese de doutoramento, R. Beregov tem um talento brilhante, organização e amplitude no cumprimento das várias tarefas que recebeu nos estudos geológicos do país. E hoje, quando olhamos para a sua obra - artigos, relatórios e peritagens, ficamos espantados com a diversidade temática da sua investigação. Trabalhou não só em problemas paleontológicos e estratigráficos, como também se ocupou dos problemas de geologia regional, tectónica, petrologia, hidrogeologia e geologia de engenharia, bem como dos problemas de geologia do carvão das bacias terciárias de Bobov dol, Pernik, Lom, Sofia, etc., dos problemas do xisto betuminoso e da exploração de minerais metálicos (minérios de ferro) e não metálicos. No seu curto percurso criativo, Beregov tem 17 publicações científicas e é autor de 24 relatórios internos. Com exceção da região de Rila-Rhodopes, não há nenhuma região na Bulgária onde não tenha realizado estudos. Este facto é espantoso e, por isso, destacámos esta caraterística especial na visão e atenção de R. Beregov à geologia das terras búlgaras.

A partir de 1932, Rostislav Beregov iniciou uma especialização de 2 anos no Instituto Geológico da Universidade de Sófia. O Prof. Dr. Stefan Bonchev aconselhou-o a fazer uma tese de doutoramento na parte ocidental do distrito de Radomir. A preparação do trabalho começou durante o ano letivo de 1932-1933, e o trabalho de campo - em 1933. O exame do material recolhido foi feito durante o ano letivo seguinte, quando ele determinou os primeiros fósseis de Tithonian (Beregov, 1933) da área. A defesa da tese de doutoramento "Geologia da parte ocidental do distrito de Radomir" teve lugar em 1935 (Beregov, 1935). Assim, Rostislav Beregov tornou-se o primeiro doutor em geologia entre os geólogos búlgaros de origem russa. A tese de dissertação está dividida em 5 secções: Notas geográficas, Descrição geológica, Parte paleontológica com a descrição dos fósseis encontrados, Resumo e Referências. Na parte Geográfica são apresentados os limites da área estudada. A parte Geológica contém o esboço histórico das contribuições dos geólogos que já tinham trabalhado na área, mas não tinham de modo algum estudado a paleontologia e a tectónica na região. Na Estratigrafia - fez a descrição do Paleozoico, do Triásico Inferior e Médio, do Dogger e escreveu que, depois de St. Bonchev (comunicação oral), a presença de Lias também é possível, mas não teve a possibilidade de o provar (mais tarde Sapunov et al., 1983 provaram a realidade da suposição de Stefan Bonchev para a presença de Lias (Jurássico Inferior) nas imediações da mina de argila ignífuga perto da aldeia de Zhablyano). Beregov descreveu, leito a leito, as rochas do Jurássico Médio perto da aldeia de Lobosh, bem como as do Jurássico Superior (Oxfordiano, Kimmeridgiano e Tithoniano) na região e uma secção sumária das rochas do Terciário - argilas cinzentas, seguidas de xistos, arenitos e conglomerados, e sobre eles - sedimentos do tipo flysch e seguidos de argilitos predominantemente, muitas vezes com betume; a secção terminou com arenitos, sobre os quais se encontram sedimentos diluviais e aluviais do Quaternário. R. Beregov examinou as subdivisões individuais com as suas alterações litológicas em direcções horizontais e verticais e indica a rica fauna dos diferentes depósitos e, com base nela, determinou a sua idade. Em termos de tectónica, Beregov observa que "esta é uma área típica de Deckenland", ou seja, de nappes. Ele dividiu as rochas em autóctones (Terciário, Jurássico e Triássico, bem como Paleozoico a leste do rio Svetlya) e alóctones (Paleozoico e Triássico Inferior - a oeste do rio Svetlya) (ver os mapas). As rochas autóctones formam quatro grandes anticlinais - Zhablyano, Radibosh, Prokletiya e Cherna Gora. As notas geomorfológicas são muito breves. As conclusões paleogeográficas que abrangem as condições físicas e biogeográficas de base são típicas da zona e são muito mais amplas e fundamentadas. A monografia termina com uma grande parte paleontológica, na qual a fauna é organizada por idade:

Triássico Médio (3 espécies), Jurássico Médio (16 espécies - 5 braquiópodes, 10 bivalves e 1 amonite), Jurássico Superior (39 espécies - 3 bivalves, 7 apthychus, 26 amonites e 3 belemnites), Terciário - muitas gravuras dos peixes *Smerdis macrurus* Agassiz. Acrescenta-se um quadro comparativo dos fósseis do Tithoniano, bem como uma placa fotográfica de fósseis do Jurássico Superior, uma placa com 6 secções geológicas e um esboço geológico, e um gadget transparente dos materiais alóctones da área imposta no esboço geológico. O texto termina com um resumo em alemão e uma lista da literatura utilizada. Na altura, na literatura búlgara, os geólogos acreditavam geralmente que uma pequena parte das "fácies arenosas" de Zlatarsky (1908) na montanha Konyavo era de idade Oxfordiana e Kimmeridgiana, mas ninguém pensava na idade Tithoniana destas rochas, e depois de Dimitrov (1931) a área da montanha Konyavo foi aterrada durante o Tithoniano e todos os grandes movimentos tectónicos tiveram lugar no final do Kimmeridgiano. Pela primeira vez, Beregov (1933) recolheu fósseis do vale do rio Berende, do território das aldeias de Berende, Priboy, rio Kosacha, etc. e provou a presença do Tithoniano nesta parte do Sudoeste da Bulgária. A partir destes sedimentos determinou 15 espécies, 11 das quais são comuns com as do Stramberger Schichten na Áustria e concluiu que o mar raso, que invadiu a parte ocidental do distrito de Radomir continuou a sua existência e durante o Tithonian.

Dr. R. Beregov sobre o seu local de trabalho no Departamento
para Prospeção Geológica (cerca de 1943)

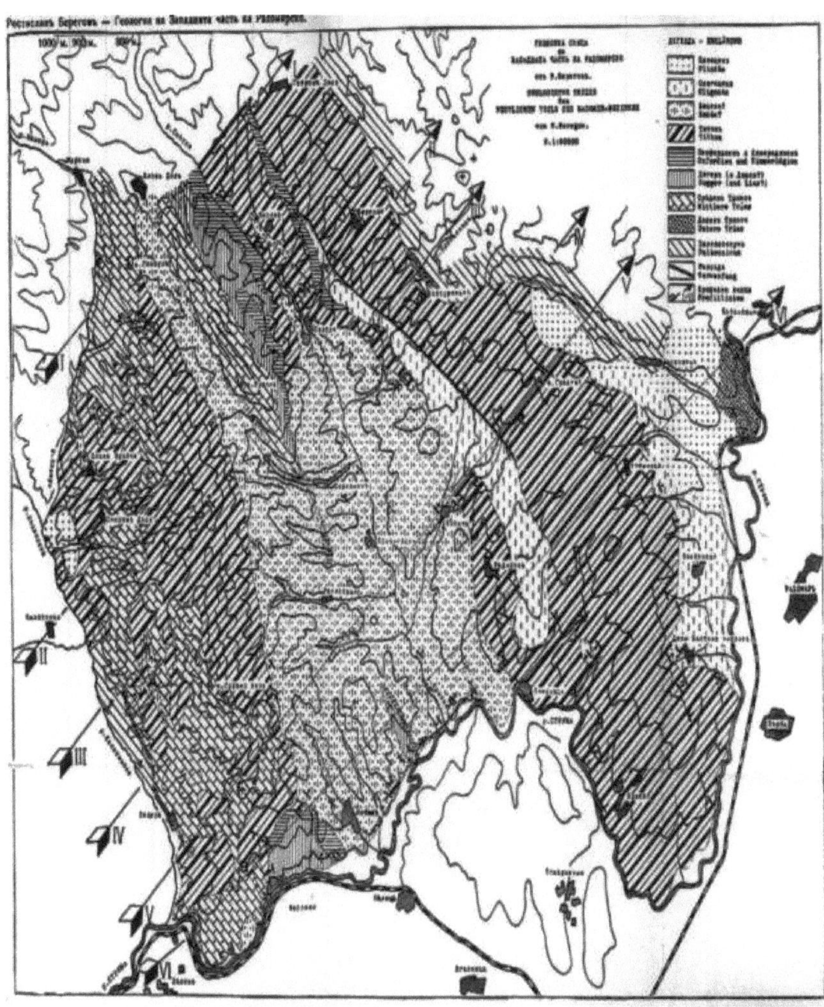

Esboço geológico da parte ocidental do distrito de Radomir

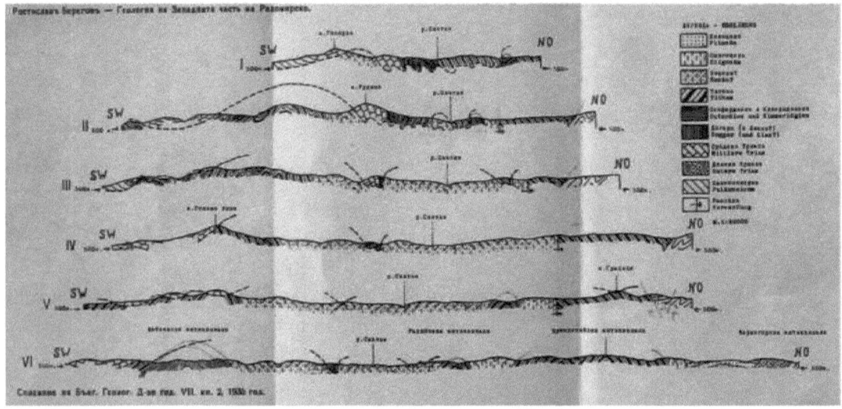

Secções tectónicas na parte ocidental do distrito de Radomir
Inserção de gadget transparente tectónico no mapa geológico da parte ocidental do distrito de

Radomir

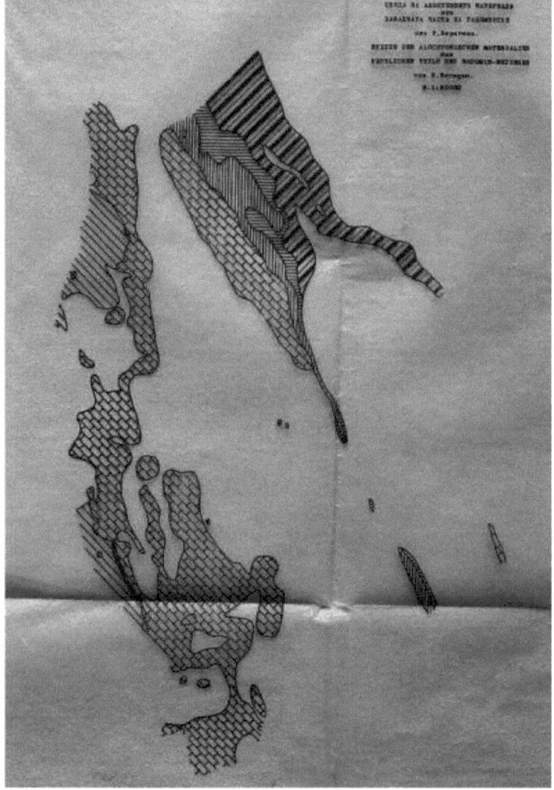

Fósseis de Tithonian da parte ocidental do distrito de Radomir

Juntamente com Ek. Bonchev R. Beregov continuou a sua investigação no Sudoeste da Bulgária e publicou na revista Geologica Balcanica um artigo sobre o Tithoniano na montanha Konyavo (Bonchev, Beregov, 1935). Para além dos achados de fósseis do Tithoniano em partes do Sudoeste da Bulgária, relatados por Beregov (1933), Ek. Bonchev estabeleceu o Tithoniano perto da aldeia de Svetlya. Os autores têm a tarefa de verificar se existe Tithonian na montanha Konyavo. Em arenitos, margas, argilitos, calcários arenosos e um pouco de conglomerados, encontraram uma rica fauna de amonites que provou a presença de sedimentos do Tithonian. Como substrato têm-se calcários vermelhos e cinzentos e margas (Kimmeridgiano), mas não se estabelece uma cobertura de rochas mais jovens.

No artigo publicado na Geologica Balcanica (Beregov, 1934), Beregov descreveu os sedimentos do Terciário em redor do palácio Euxinograd (a norte de Varna) e, em particular, os restos de peixe neles encontrados, guardados no Museu do Instituto Geológico da Universidade, que identificou como *Properca angusta* Agassiz. Com este artigo, iniciou os seus estudos mais importantes - a investigação dos sedimentos do Terciário na Bulgária, bem como dos peixes fósseis.

Properca angusta Ag. do Miocénico perto do Palácio de Euxinograd (Varna)

Como paleontólogo, Beregov também se manifesta na sua publicação em francês (Beregov, 1936) sobre a descoberta, no sudoeste da Bulgária, de restos de peixes em xistos do Paleogénico, que ele refere como *Smerdis macrurus* Agassiz - peixe desconhecido até então na Bulgária, nem nos países vizinhos. Os restos de peixe armazenados no Museu Geológico da Universidade de Sófia foram reunidos em conjunto, o que levou Beregov a supor que a sua morte se deve a uma mudança brusca nas condições paleogeográficas, causada pela invasão das águas ricas em sulfureto de hidrogénio. No início de 1936, Beregov entrou como geólogo no então Departamento de Minas (que se expande gradualmente e se torna a Direção Principal ou, mais tarde, a Direção Geral de Investigação Geológica e Mineira e, por fim, o Comité de Geologia). Em 1936, a secção "Prospeção" do

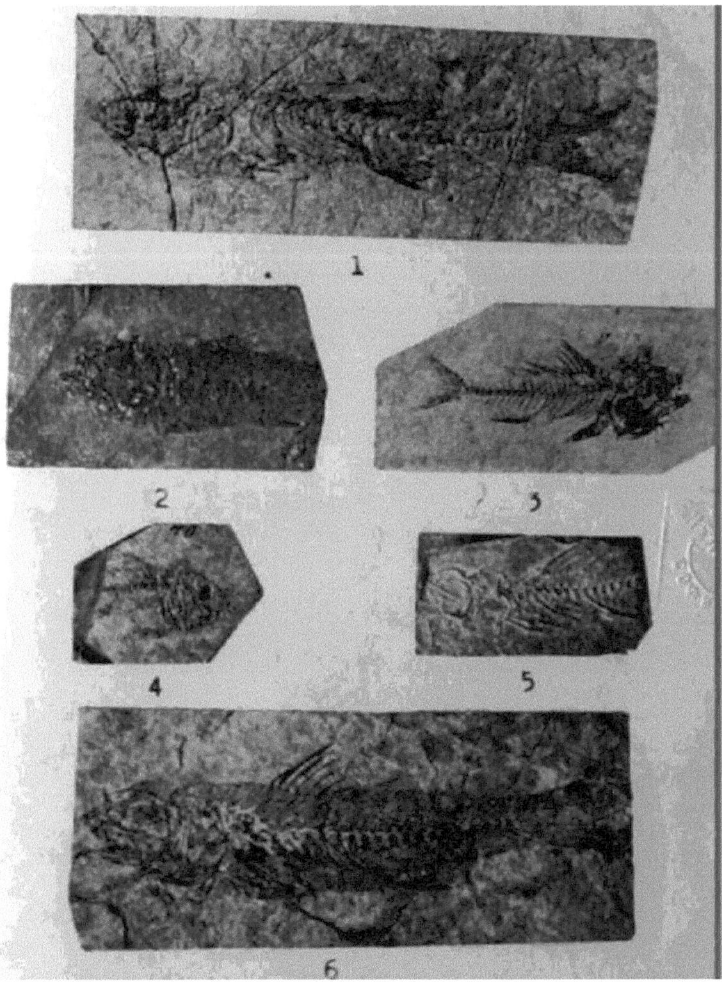

Smerdis macrurus Ag. Oligoceno perto de Breznik

O departamento de minas encarregou R. Beregov de investigar a estratigrafia do Terciário no Noroeste da Bulgária, entre Stara Planina e o rio Danúbio e entre o rio Vit e a fronteira com a Jugoslávia, fazendo uma comparação com as rochas da mesma idade dos países vizinhos, sobretudo da Roménia, tendo em vista a realização de novas pesquisas petrolíferas na Bulgária.

O trabalho de campo foi efectuado durante o verão de 1936. O estudo dos materiais recolhidos - durante o inverno de 1936-1937, terminou com o artigo de Beregov (1937). Começou com a descrição dos sedimentos eocénicos de Pleven, Lukovit, Mezdra, Ruzhintsi, Kladorub e Staropatica, que reportou ao Lutécia. Como apresentam grandes diferenças de afloramento entre si e porque surgem em pequenas localidades, distantes umas das outras, a correlação entre estes depósitos permanece atualmente por resolver.

Mapa geológico dos sedimentos do Terciário no Noroeste da Bulgária

Beregov descreveu também os afloramentos do Tortoniano no Opansko Bardo, e perto das aldeias de Tarnene, Bivolari, Urovene, Pripalzhene, Staropatitsa e Poletkovtsi. Em geral, estes afloramentos apresentavam uma fauna rica e dividem-se em dois horizontes: um inferior - maioritariamente marga - e um superior, contendo bancos de calcário. Em ambos os horizontes existe uma fauna rica (determinada para o efeito pelo Dr. Boyan Kamenoff), mas com muito poucas espécies características. Os sedimentos sarmatianos e buglovianos, maioritariamente argilas calcárias, são descritos perto das aldeias (de leste para oeste): Turnene, Creta, Gigenska Mahala, Slavovitsa, Orehovitsa, Stavertsi, Gostilia, Staroseltsi, Mahlata, Krivodol, Rujintsi, Tolovitsa, Bella, Rabisha, Valchak, Boynitsa, Kula e outras. Entre o Tortoniano e o Sarmatiano, Beregov separou arenitos de idade Bugloviana com as espécies típicas de *Modiola buglovensis* Gat. Com base na fauna, dividiu os sedimentos do Sarmatian em 3 horizontes: inferior - argilas calcárias a calcários, médio - calcários e argilas oolíticas e superior - calcários argilosos, passando para oeste para arenitos calcários. Os sedimentos pliocénicos são menos comuns na área de estudo e têm uma fauna pobre, mas mesmo assim ele conseguiu separar as fases e descreveu os seus afloramentos. É de notar que o Dr. R. Beregov apresentou listas muito longas de fauna, mas não a descreveu paleontologicamente. O autor examinou os sedimentos terciários da área e de um ponto de vista tectónico, e também fez uma análise de fácies por fases, mas o mais interessante são as suas correlações com os países vizinhos e a conclusão sobre a geologia do petróleo. Escreveu explicitamente que, a partir do estudo e da análise dos afloramentos das rochas na Bulgária (pelo menos à superfície), não foram encontrados sedimentos do Terciário, que na Roménia são portadores de petróleo e que provavelmente também não existem na Bulgária. Como suplemento, há também um quadro comparativo detalhado dos sedimentos do Terciário Superior do Noroeste da Bulgária e do Sul da Roménia, seguido de um resumo do Terciário no Noroeste da Bulgária.Na primavera de 1936, Beregov visitou os arredores de Ivaylovgrad e, em resultado desta visita, publicou em 1938 a sua "Pequena contribuição para a geologia deste canto remoto da Bulgária" (Beregov,1938a). Esta publicação descrevia os sedimentos do Terciário que partilhava em 3 horizontes: inferior - argilas cinzentas;

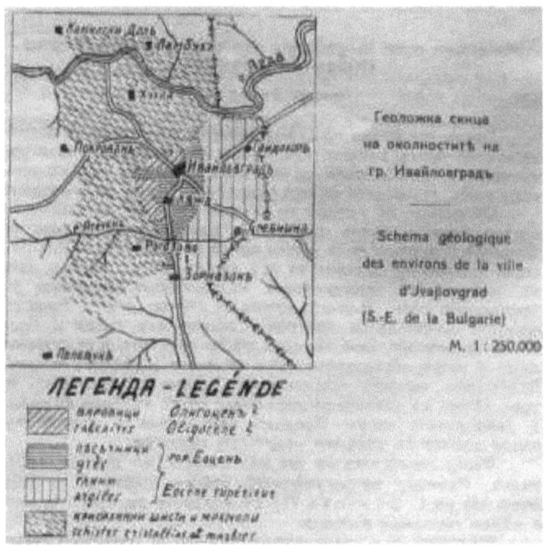

Esboço geológico da região de Ivaylovgrad

médio - conglomerados e arenitos com Nummulites e calcário amarelado superior. Estes sedimentos assentam sobre rochas cristalinas altamente tectonizadas.

Em abril de 1938, R. Beregov preparou um novo artigo em francês para impressão (Beregov, 1938b), iniciado pelos numerosos achados de peixes fósseis, armazenados no Instituto Geológico da Universidade de Sófia. Estes achados tiveram origem na escavação de um poço na aldeia de Bella Rada, perto de Vidin, encontrado a uma profundidade de 20 m em argilas betuminosas. Beregov encontrou o mesmo horizonte de peixes na aldeia de Florentin, no Danúbio, e considera-os como

Alosa nordmanni Antipa do Pliocénico perto de Vidin

Meothianos. Efectuou uma descrição paleontológica pormenorizada da espécie *Alosa nordmanni* Antipa, *Clupeacf* .

a charcutaria Nordmann e
Clupea cf. *sulinae* Antipa. Segundo Beregov, a causa da morte em massa destes peixes, que foram fossilizados quase todos com a boca bem aberta, foi a sua asfixia ao entrarem em enormes poças de sulfureto de hidrogénio sob a forma de enormes passagens. Com este artigo, o Dr. R. Beregov afirmou-se como o melhor especialista búlgaro em peixes fósseis.

No ano seguinte, R. Beregov (1939) publicou um artigo dedicado aos sedimentos terciários de Pernik. Discutiu a idade dos sedimentos carboníferos. Antes do seu estudo, estes eram considerados do Pliocénico. Até G. Konyarov (1932) encontrou neles restos de *Dinotherium*, pelo que foram considerados incondicionalmente pliocénicos. O Dr. R. Beregov conseguiu provar que os sedimentos, onde foram encontrados os restos de *Dinotherium*, se encontram sobre as camadas de carvão numa base descontínua. Encontrou detritos de peixes atribuídos a *Smerdis macrurus* Ag. (com intervalo vertical entre o Eocénico e o Oligocénico, mas sem nunca passar para o Pliocénico) nas camadas carboníferas. Este facto deu-lhe a razão para aceitar o carvão de Pernik como sendo do Oligoceno.

Também em 1939, Beregov (1939a-f), num relatório sobre o Geofund, descreveu o seu estudo geológico das proximidades da nascente mineral perto da aldeia de Varbitsa, distrito de Preslav. Juntamente com V.Tzankov e El. Raph. Cohen (1939-f) resumiu as suas prospecções sobre a geologia da parte de Varbitsa das montanhas dos Balcãs Orientais. O ano de 1939 foi muito bem sucedido no trabalho de Beregov - ele também estudou minérios de ferro. Os resultados foram depositados no Geofund nos relatórios sobre os estudos dos depósitos de ferro na área perto de Elhovo (Beregov, 1939b-f), em redor das aldeias de Jelezna, Ferdinand (Beregov, 1939c-f), e na concessão "Spasenie" ("Salvação") em Breznik (Beregov, 1939d-f). No último relatório, Beregov sugeriu que as mineralizações de minério se encontram em zonas de propilitização e silicitização e representam um chapéu de ferro fiável para a pesquisa de minérios de sulfureto primários. No verão de 1939, o Departamento de Recursos Naturais do Ministério do Comércio e Indústria atribuiu aos geólogos V. Tzankov, El. Raph. Cohen e R. Beregov, no âmbito do programa de investigação geofísica planeado para o nordeste da Bulgária, para fazer um mapa geológico preciso à escala 1:40 000 e para estabelecer a existência de possíveis formas estruturais para o petróleo. A área de estudo está localizada a leste do vale Devnya e a norte dos lagos de Varna. Devido ao grande emprego de El. Raph. Cohen, que só conseguiu uma quantidade muito pequena de trabalho, V. Tzankov e R. Beregov (1940) publicaram os resultados da sua investigação como um trabalho independente. Estratigraficamente, a área estudada consiste predominantemente de materiais do Cretáceo Inferior: Valanginiano, dividido em dois horizontes: inferior - camadas espessas, calcários sacarídeos e superior - principalmente margas de camadas finas; Hauteriviano - margas de leito fino;

Barremiano - margas calcárias; Aptiano (estabelecido em 1937 por V. Tzankov) - calcário argiloso coberto com calcários semelhantes a açúcar e mais alto - um horizonte marly. Entre os sedimentos barremianos e aptianos, foram detectados vestígios de rutura temporária da sedimentação. Acima deles desenvolvem-se arenitos calcários do Cenomaniano e, transgressivamente sobre o Cenomaniano ou o Hauteriviano, encontram-se os sedimentos do Turoniano Superior, sendo o Terciário jovem representado pelo Chokrakiano (maioritariamente margas),

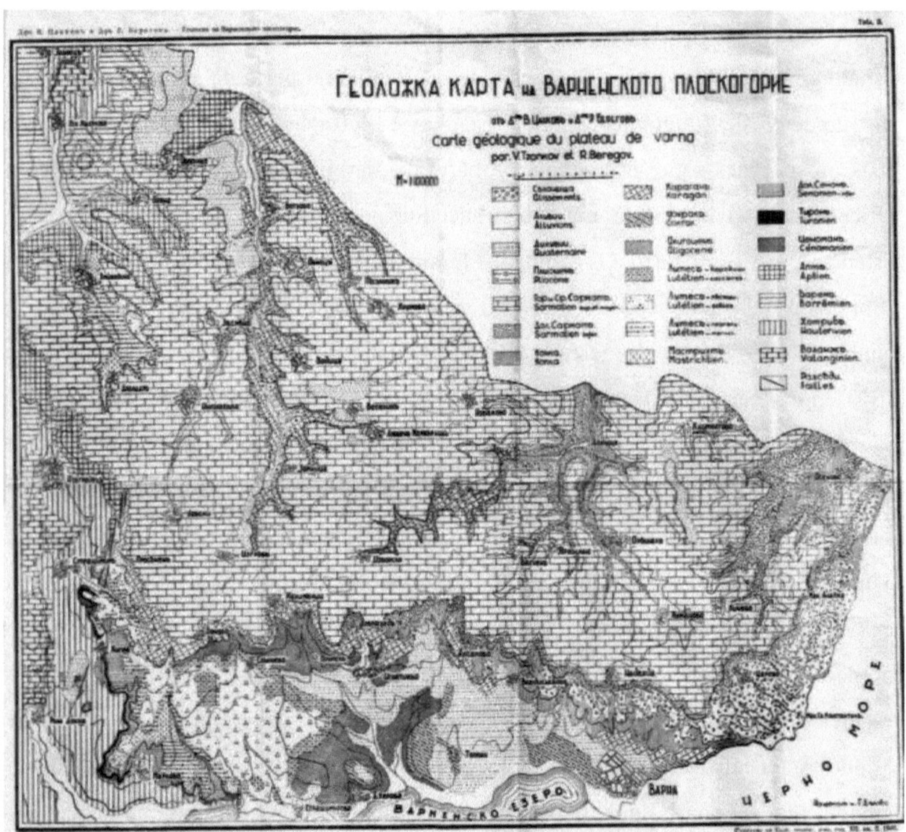

Esboço geológico do planalto de Varna

Karaghandian (arenito com Spaniodonts), Konkian (os chamados leitos Kartwell) representados principalmente por arenitos finos, margas e calcários com *Pholas* e leitos Konkian - areias amarelas. Sobre eles encontram-se margas arenosas, separadas como margas Euxinovgrad, e sedimentos sármatas, divididos em três horizontes: 1) inferior

- arenitos frangianos; 2) médio - calcários arenosos e 3) superior - calcários e margas esbranquiçados, cobertos por argilas castanhas do Pliocénico sem fósseis. Num aspeto geológico de aplicação, descreveram vários níveis aquíferos e minérios de manganês no Oligoceno, bem como (também no Oligoceno) águas salinas de iodo-bromo.

Esboço hidrológico do planalto de Varna

Também em 1939, Beregov (1939a-f), num relatório publicado no Geofund, descreveu os estudos geológicos das imediações da nascente mineral perto da aldeia de Varbitsa, distrito de Preslav.

Obviamente, a área em torno de Varbitsa era uma parte fundamental da interpretação da geologia regional e, na década de 1940, juntamente com V. Tzankov, escreveram um relatório sobre a localização de um poço, na esperança de que pudesse resolver os problemas (Tzankov, Beregov, 1940b-f).

Entretanto, em 1940, V. Tzankov e R. Beregov (1940a-f) concluíram e depositaram no

Geofund um relatório sobre a geologia do planalto de Varna, que descreve o que foi alcançado até à data e as perspectivas de investigação futura neste domínio. Apresentaram também um mapa hidrológico da zona. No entanto, o mapa foi registado muito mais tarde do que a época em que a atividade geológica foi realizada (Tzankov, Beregov, 1948-f).

Em 1940, o Dr. R. Beregov (1940) publicou no Volume 11 da Revista da Sociedade Geológica Búlgara, dedicado ao 70º aniversário do Prof. St. Bonchev, um artigo sobre os resultados de um novo levantamento geológico e cartográfico do Terciário na área de Lom, que lhe foi confiado no verão de 1937 pelo então Departamento de Minas.

Este trabalho é uma continuação do seu estudo sobre o Terciário no Noroeste da Bulgária, mas numa escala maior e especificamente dedicado à bacia carbonífera de Lom. Nos trabalhos anteriores, há escassos relatos da estratigrafia do Pliocénico na área, apoiados por fracos achados faunísticos. No seu trabalho, utilizou a subdivisão contemporânea do Pliocénico: Meothian, Pontian, Dacian e Levantian.

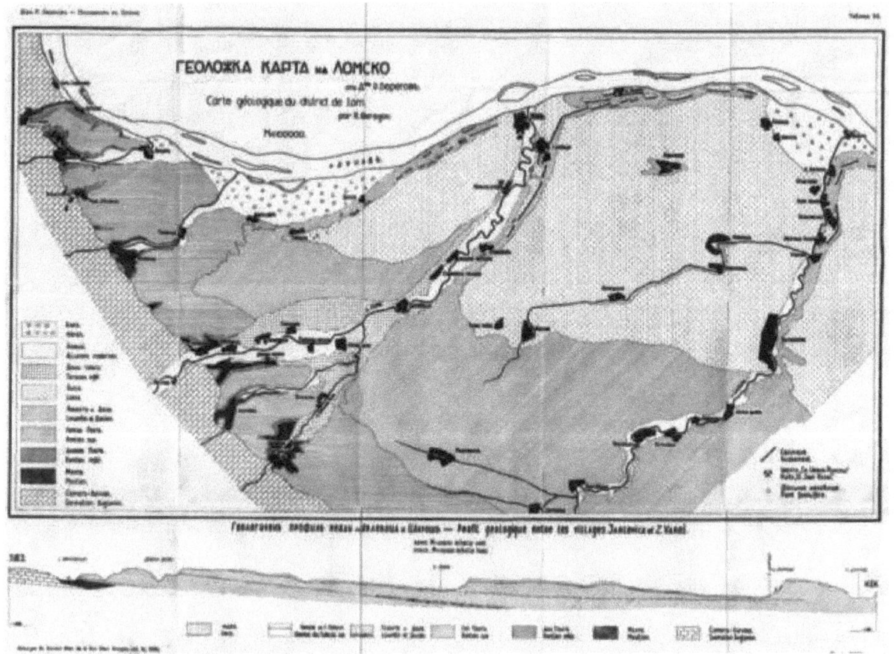

Esboço geológico e secção geológica do Terciário perto da cidade de Lom

Ele encontrou e determinou pessoalmente 42 espécies (1 nova para a ciência): 10 para o Meothian, 18 para o Pontian, 11 para o Dacian e 3 para o Levantian. O artigo é ilustrado com 9 tabelas paleontológicas, 2 tabelas de fotografias do terreno, um mapa geológico à escala 1: 100 000 e perfis geológicos. Beregov também escreveu sobre as difíceis condições geológicas para uma futura exploração das jazidas de carvão. As suas projecções preliminares apontam para a existência de cerca de 100 milhões de toneladas de carvão neste reservatório.

Em 1941, Beregov (1941a) descreveu os resultados dos seus estudos em torno da cidade de Breznik, no sudoeste da Bulgária. As rochas aflorantes são de grande interesse tanto para o minério como para a estratigrafia dos sedimentos do Terciário Antigo. Aqui, o autor concentrou a sua atenção especialmente na extração de minério no Brdo, perto de Breznik, que é (segundo ele) uma parte da grande zona andesítica com minério de sulfureto da faixa de Bor, Panagyurishte e Kara

Bair em Burgas (atualmente Brdo é um perímetro da "Elatzite Enterprise" após um estudo da Euromax).

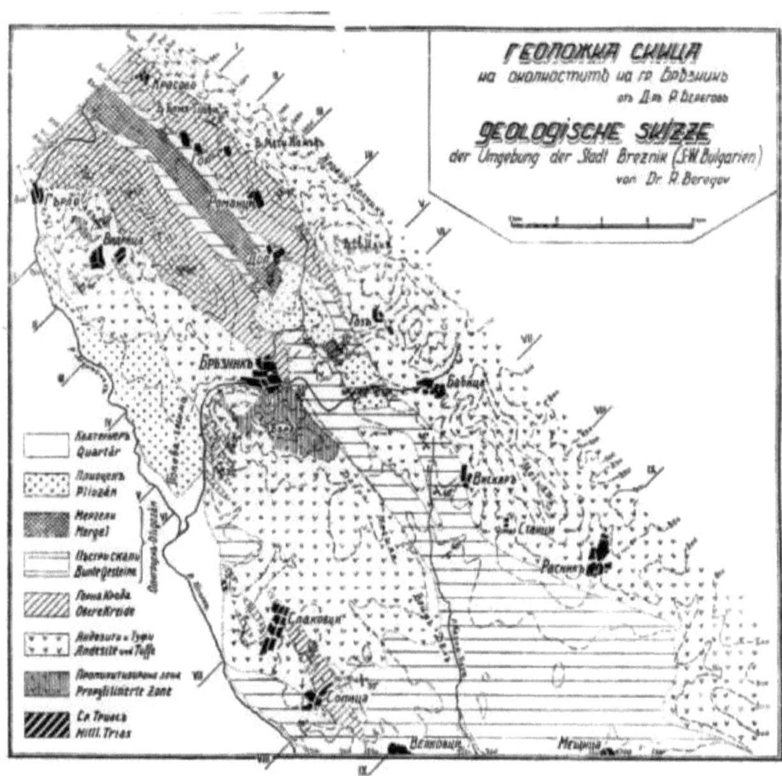

Esboço geológico da região de Breznik

Como resultado da sua investigação, Beregov descobriu que o campo de ferro de Breznik é um chapéu de ferro formado pela oxidação de sulfuretos primários de uma zona altamente propilitizada. Na estratigrafia da área, foram descobertos os seguintes elementos: Rochas eruptivas do Triássico Médio, Cretácico Superior - andesitos e tufos, os últimos alternando com margas semelhantes ao chamado tipo "Vetrila". Os andesitos estruturaram os membros de um sinclinal prensado, na parte central do qual se revelam materiais fissurais - a alternância de argilas, margas e arenitos calcários, por ele definidos como Oligocénicos. Com alguma discordância sobre eles, existe um complexo de rochas coloridas: conglomerados e arenitos com camadas de xistos betuminosos com *Smerdis macrurus* Ag., situados sob a série carbonífera. No andar de cima encontram-se margas, frequentemente betuminosas.

Nessa altura, a Dobrodgea do Sul foi anexada à Bulgária ao abrigo do Acordo de

Craiova e R. Beregov foi enviado para lá como hidrogeólogo (1941d-f). Publicou os resultados desta missão em Beregov (1941b), onde monitorizou o afundamento dos sedimentos sármatas. Segundo ele, Balchik é muito interessante a este respeito. As paisagens aí existentes são do tipo das paisagens de *insectos*, ou seja, aquelas em que, por uma ou outra razão, a separação se faz por rutura e depois por rutura completa da parte superior da costa constituída por camadas quase horizontais. Segue-se o arrastamento desta parte, juntamente com a parte inferior, sobre as argilas amolecidas. Neste caso, temos uma distorção do equilíbrio entre a aderência e o peso da rocha. A razão destes deslizamentos de terras, como refere, são as águas dos três leitos aquíferos que cortam as encostas costeiras. Como conclusão, salienta que as grandes obras de drenagem subterrânea terão um custo muito elevado e sugere que as zonas de risco sejam cartografadas num mapa pormenorizado e que sejam proibidas novas construções nessas zonas. Estas zonas devem ser previstas para reduzir a sufose dos horizontes das massas de água e para evitar pequenos deslizamentos de terras   .

(1941c) descreveu a estratigrafia dos sedimentos do Terciário na região de Bobov Dol. De acordo com autores anteriores, são do Pliocénico ou do Miocénico Superior, mas a sua opinião é que são do Oligocénico. Beregov separou entre eles um nível inferior de argilas grosseiras, que designa por rochas coloridas, acima do qual descreveu formações de pelitos finos com conteúdo betuminoso - argilitos. Entre estes dois níveis situa-se a suite carbonífera. O autor chama a atenção para as rochas em torno das aldeias de Babino, Golyama Fucha e Jitusha, que se situam num grande sinclinal e são muito prometedoras para a exploração de carvão.

Em 1941, o Dr. Rostislav Beregov (1941a-f) resumiu os seus estudos geológicos na montanha Varbitsa Stara Planina, que publicou no segundo volume do Annuaire de la Direction des Richesses naturelles (Beregov, 1942). Estratigrafia: Cenomaniano - conglomerados, arenitos e xistos arenosos; Turoniano - complexo inferior: xistos argilosos carbonatados, quartzitos brancos e calcários; complexo superior: um flysch arenoso típico, atravessado por pequenos corpos de andesito; Senoniano - calcário argiloso cinzento; Paleogénico - 2 tipos: um flysch arenoso e um melaço de arenitos grossos em alternância com argilitos de leito fino (não foi encontrada fauna); Pliocénico - areias, argilas arenosas e argilas. Do ponto de vista tectónico, estabeleceu uma dobra que afecta os dois tipos do Paleogénico. O artigo termina com uma descrição de várias nascentes minerais que emitem metano, sinais interessantes de exploração petrolífera.

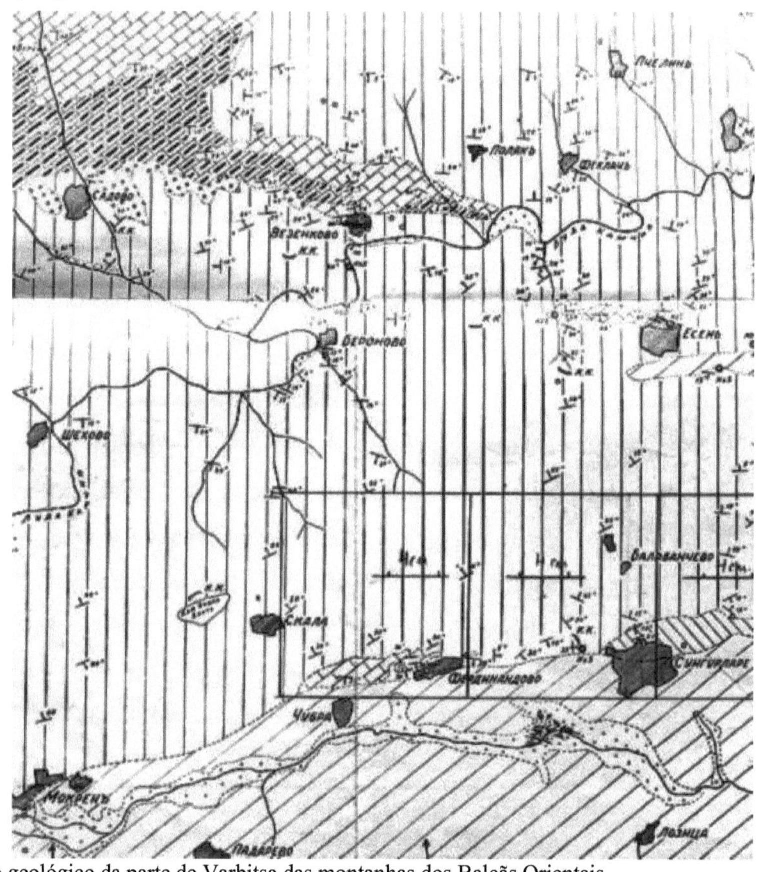

Esboço geológico da parte de Varbitsa das montanhas dos Balcãs Orientais.

No mesmo ano, R. Beregov alargou a área do estudo dos sedimentos do Terciário no Sul (1941b-f) e no Noroeste da Bulgária (1941c-f), resumindo a sua investigação nestas partes do país.

Imediatamente antes e durante a Segunda Guerra Mundial, na Bulgária havia uma grande escassez de combustíveis líquidos e é por isso que no nosso país se levantou a questão da exploração das nossas rochas betuminosas. Em 1942-1943, o Dr. R. Beregov, com outros colegas, dirigiu os estudos geológicos das chamadas por ele "rochas betuminosas" - estudos acompanhados de perfurações, escavações e trabalhos mineiros de concessões estatais e privadas, cujas amostras geológicas eram estudadas nos laboratórios químicos da Direção de Recursos Naturais. Assim, em 1942, trabalhou sobre problemas de geologia petrolífera da Bulgária (Beregov, 1942a-f), bem como sobre os xistos betuminosos na zona da cidade de Breznik (Beregov, 1942b, c-f).

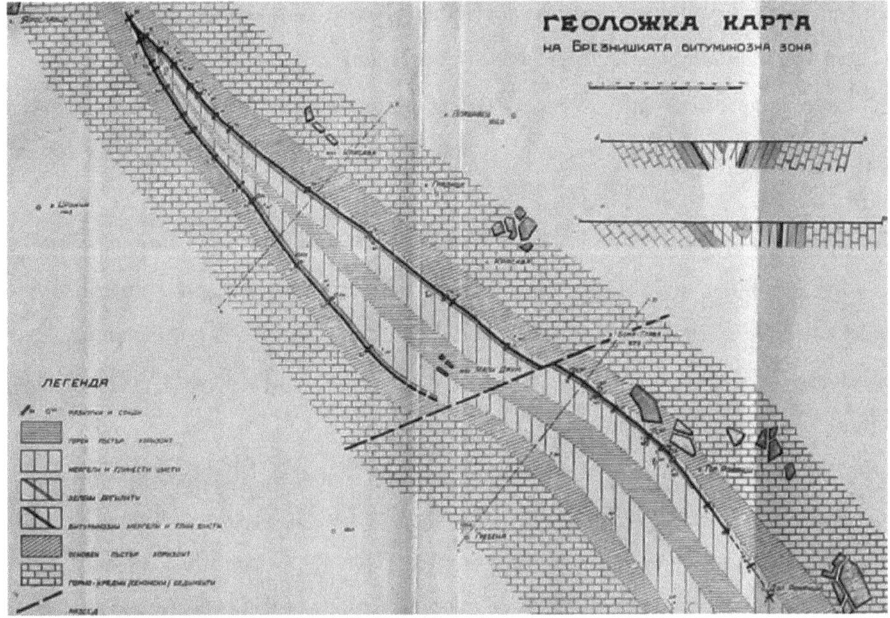

Esboço geológico da zona betuminosa de Breznik

O material deste estudo foi publicado mais tarde (Beregov, 1945), e ele acreditava que na área estudada existe um sinclinal claro, fortemente comprimido, nos membros do qual são revelados os calcários do Cretácico Superior - arenitos argilosos, calcários e bancos calcários com Hippurites (provavelmente Maastrichtian), e no seu núcleo - sedimentos Paleogénicos de assentamento transgressivo. Subdividiu estes últimos em 3 horizontes: 1) o inferior - arenitos e argilas; 2) o médio - margas e xistos argilosos, contendo no fundo rochas betuminosas; 3) o superior - materiais variegados, entre os quais predominam sedimentos argilosos. A faixa betuminosa foi objeto de uma investigação aprofundada. O Dr. Beregov tem uma opinião positiva sobre a utilização complexa destas rochas e recomenda a continuação dos seus estudos tecnológicos.

É de notar que em 1943 o Dr. R. Beregov não tinha nem relatórios de fundos, nem publicações. Este facto deve-se provavelmente ao trabalho de campo intensivo relacionado principalmente com a exploração das "Rochas Betuminosas" (Beregov, 1944a-f), e mesmo com o acontecimento feliz na sua família - o nascimento do seu filho Alexander.

Em 1944, Beregov estudou várias bacias carboníferas distintas, para as quais elaborou também relatórios geológicos separados: para a bacia de Lom (Beregov, 1944b-f), para a bacia de Chukurovo (Beregov, 1944c-f) e um resumo sobre as bacias carboníferas do Terciário búlgaro (Beregov, 1944d-f), e em conjunto com F. Marinov e para a jovem hulha de lenhite do Terciário (lenhite castanha) na região de Sófia (Beregov, Marinov, 1944-f).

Curiosamente, que em 1944 no Geofund foi levado um relatório preliminar sobre os estudos geológicos da vertente sul da parte Varbitsa das Montanhas Orientais dos Balcãs (Beregov, 1944e-f), tendo os estudos sido feitos em 1939. No mesmo ano, na conclusão da perfuração, projectada por ele e V. Tzankov, na aldeia de Varbitsa, fez a descrição do material do núcleo (Beregov, 1944f-f).

Em 1946 foi publicado o 4º volume do Annuaire de la Direction Générale des recherches Géologiques et Minières - "Geologia da Bulgária", com o editor-chefe Dr. El. Raph. Cohen e os co-editores Ts. Dimitrov e Dr. B. Kamenoff. Trata-se de uma publicação dedicada à geologia da Bulgária, que recolheu os dados de muitos geólogos. Este é o primeiro, depois da publicação de G. Zlatarski, que resume artigos sobre a geologia da Bulgária. O Dr. R. Beregov (1946) terminou a parte "Terciário na Bulgária" dois dias antes da sua morte e é um dos geólogos a quem a publicação é dedicada. No seu texto, resumiu em 27 páginas os dados até agora conhecidos sobre a geologia do Terciário no nosso país. O autor referiu que estas rochas ocupam mais de ¼ do território da Bulgária. A publicação começou com a descrição do Paleogénico e, especialmente, do Eoceno Médio, no qual separou uma fácies de mar raso (Nordeste da Bulgária), um flysch (na região dos Balcãs Orientais) e um tipo de marga (na região de Pleven). No Eoceno Superior, dividiu uma "formação marinha" no Nordeste da Bulgária, formações de água doce e salobra - no Leste e no Sul da Bulgária, com as quais surgiram as bacias de carvão em Borov Dol e a mina "Cherno More", bem como as fácies marinhas do Eoceno Superior e do Oligoceno na Bulgária Oriental. Na descrição de todos estes sedimentos é também citada uma fauna rica. As fácies de água doce do Oligoceno no Sudoeste da Bulgária estão ligadas aos maiores campos de carvão castanho da Bulgária - Pernik, Bobov Dol e Pirin-Struma. A segunda grande subdivisão é a cabeça do Neogénio. Nela, Beregov descreveu um tipo Crimeia-Caucasiano, no qual separou os depósitos Chokrakianos, Karagandianos e Konkianos, e os depósitos mediterrânicos do Miocénico Médio (Tortoniano). O primeiro desenvolveu-se principalmente em Varna e o segundo no Noroeste da Bulgária. Em quase toda a Bulgária desenvolveram-se os sedimentos sármatas, aos quais se seguiu uma secagem omnipresente. Os sedimentos pliocénicos, sob a forma de bacias separadas, maiores ou menores, estão espalhados por todo o país, muitas vezes associados a formações carboníferas - Bacia de Lom, Bacia de Sofia, ao longo do rio Maritsa, no Sul da Bulgária, onde se encontram várias acumulações de grandes cristais de gesso, objeto de exploração de carreiras. Finalmente, o texto sobre o Terciário na Bulgária terminou com uma rica referência bibliográfica, agrupada por capítulos - Paleogénico (67 fontes) e Neogénico (41 fontes).

Em 1946, é registado no Geofund o último relatório do Dr. Rostislav Beregov (1946-f) sobre a ocorrência carbonífera de Lukovit, provavelmente resultado de estudos de campo anteriores e não publicados.

A morte prematura do Dr. Rostislav Beregov não lhe permitiu concluir vários artigos já iniciados, tais como: "Hidrogeologia do Sudeste de Dobrogea", "O Sarmatian na Bulgária", "Geologia da Bacia de Carvão de Bobov Dol", "Características geológicas do nosso carvão castanho" e outros.

Participação na vida da Sociedade Geológica da Bulgária

Para além da atividade de investigação geológica, o Dr. Rostislav Beregov também participou na vida da comunidade geológica. Em 26.12.1937 e 18.12.1938 foi eleito bibliotecário da Sociedade Geológica da Bulgária por dois mandatos (do Protocolo: "Bibliotecário: Dr. Rostislav Sergeyev Beregov, geólogo do Departamento de Minas, Carreiras e Águas Minerais do Ministério do Comércio, etc., vive em 166 Kyustendil Blvd., Krasno Selo, nascido em Petrogrado.")

Um documento curioso (?) está guardado nos Arquivos Estatais da Bulgária. Na altura:

9 de maio de 1938, antes da Segunda Guerra Mundial, está conservado o parecer da polícia política búlgara sobre a direção da Sociedade Geológica Búlgara: *"As pessoas que entraram no órgão de gestão provaram ser politicamente fiáveis. A polícia política é de opinião que o seu estatuto deve ser aprovado",* ou seja, a polícia política tinha a sua opinião e devia aprovar o órgão de gestão de uma organização apolítica e científica como era a Sociedade Geológica Búlgara!

Em 6 de abril de 1938, o Dr. R. Beregov foi conferencista numa reunião da Sociedade Geológica Búlgara sobre "Geologia da Bacia de Lom em relação com a exploração do carvão" e em 1945 leu um relatório sobre os xistos betuminosos perto da cidade de Breznik. Foi membro do conselho editorial da Revista da Sociedade Geológica Búlgara nos anos 1943-1944 e 1945 e, em 1946, foi secretário da Direção da Sociedade Geológica Búlgara. O Dr. R. Beregov foi também membro do Comité Editorial do Volume III, Departamento A, do Annuaire de la Direction Générale des recherches géologiques et Minières (Livro anual da Direção Geral de Pesquisas Geológicas e Mineiras da Bulgária) e membro do Comité de Apoio e Emissão do Mapa Geológico da Bulgária, criado em 16 de abril de 1930.

Morte trágica

Depois de 9.09.1944, na Bulgária, a construção de muitas barragens e o seu estudo geológico foram efectuados por geólogos búlgaros. Dr. Rostislav Beregov

A.Stamboliyski Dame

https://bg.wikipedia.org/wiki

efectuou o estudo geológico da barragem de Alexander Stamboliyski (antiga barragem de Rositsa), a norte da cidade de Sevlievo. A fundação do muro da barragem era de geologia muito complicada. Pereceu heroicamente no local, cumprindo o seu dever humano. A sua morte trágica foi muito bem documentada

I. Borisov (1963) no livro "Os nossos primeiros geólogos" (reimpresso por ele também em "Distintos geólogos búlgaros", 1981, especialmente no capítulo "E nas batalhas de paz há heróis"). Aí podemos ler: "Aproximava-se das seis da tarde quando Beregov, com uma pesada mochila, caminhava ao longo da estrada larga. Havia um caminho que levava a um dos poços de exploração geológica perto da estrada. Quando Rostislav chegou à bifurcação e olhou para o poço, reparou numa vaidade. Os trabalhadores estavam loucos por ela. Sentindo o perigo, afastou-se da estrada e acelerou o passo. Assim que os trabalhadores se aproximam, Rostislav pergunta: "O que é que se passa aí?" "O Velko está doente no poço", responderam os trabalhadores. "Quando é que foi bombardeado? "Às três horas." Já devia ter sido ventilado, pensou Beregov. Talvez ele estivesse doente por outra razão qualquer. "Quem é que vai descer?" Rostislav perguntou novamente. Ninguém chamou. Ficaram todos de cabeça baixa. Até o irmão do operário caído não quis. Beregov inclinou-se sobre o poço, segurando com as duas mãos a escada de madeira. Por baixo, o candeeiro do mineiro ardia sem hesitação. "Se ninguém quiser, eu desço. Está na altura de o tirar daqui." Beregov desceu rapidamente a escada de madeira. O trabalhador estava deitado de lado, curvado sobre o balde. Chegando ao fundo, Rostislav pegou nele com os dois braços à volta da cintura e levantou-o do chão com cuidado. Nesse momento, sentiu que as suas forças o abandonavam, a sua cabeça estava atordoada... e caiu com o trabalhador sobre o balde. Os trabalhadores do andar de cima assustaram-se ainda mais. Viram que a causa da desgraça não era acidental. Todos estavam convencidos de que, no fundo do poço, havia gases venenosos provenientes das bombas que tinham explodido. Passaram minutos preciosos e ninguém fazia nada. Não havia corda. Alguém correu para o acampamento. Um dos trabalhadores fez um laço na corda e desceu a escada a correr. Sem chegar ao fundo, apertou a mão de Rostislav. Na primeira tentativa de elevação, a mão soltou-se e ele caiu de novo no buraco. Depois de mais algumas tentativas, os dois sufocados foram retirados. Velko estava morto, mas Rostislav ainda dava sinais de vida. Não havia nenhum médico na zona. A ajuda que encontrou à noite foi insuficiente e ele morreu. Isto aconteceu a 13 de junho de 1946. Com a sua força, conhecimento e vida, o Dr. Rostislav Beregov cimentou as fundações do muro da barragem, para que as águas do curvo rio Rositsa pudessem irrigar a terra fendida. "O Prof. I. Borisov (1963) chamou-lhe, com razão, "O geólogo com um grande coração". Nas suas lápides encontra-se

escrito: "Morreu enquanto actuava o seu dever humano". Modestamente, como ele viveu!

A lápide do Dr. Rostislav Beregov no cemitério central de Sófia

Rostislav Beregov não só arriscou e perdeu a vida para salvar a vida de outros, como também foi um "cavalheiro" na sua vida quotidiana. Entre os geólogos, foi sempre muito atencioso e deu sempre prioridade aos adultos e às senhoras. Uma vez, numa paragem de elétrico, estava com a sua mulher e, como sempre, deu lugar às mulheres. A mulher não se levantou e disse: "O que é que queres, Rosti, o elétrico vai sem nós e estamos atrasados para o trabalho?"

De origem, Rostislav Beregov não era um nobre, mas durante toda a sua vida demonstrou nobreza, delicadeza e dedicação aos entes queridos e aos colegas - qualidades que devem ser objeto de culto perante todos.

As datas relacionadas com a vida do Dr. Rostislav Beregov foram registadas na literatura geológica búlgara pelos editores da Geologica Balcanica (1946), Dr. El. Raph. Cohen (1952), T. Nikolov (1953,   1963), Prof. E. Bonchev (1955), Dr. Ognianova-Rumenova (1976) e outros. Há artigos sobre ele na Enciclopédia Curta da Bulgária (1963), Enciclopédia da Bulgária (1978), Enciclopédia da Bulgária (2011), Tchoumatchenco et al. (2012, 2013), Tchoumatchenco, Dietl (edits.) (2014).

BIBLIOGRAFIA

Publicações (após Ognianova-Rumenova, N., 1976; Spasov, H., et al., 1978)

Beregov, R. 1933. Descoberta do Tithonian no sudoeste da Bulgária. - *Revisão da Sociedade Geológica da Bulgária, 5, 3*, 252-255 (em búlgaro).

Beregov, R. 1934. *Properca angusta* Agassiz do Mioceno em Euxinograd. - *Geologica Balc., 1,* 1, 41-44 (em búlgaro).

Beregov, R. 1935. A geologia da parte ocidental de Radomir. - *Revisão de Sociedade Geológica da Bulgária, 7, 2,* 51-114 (em búlgaro).

Beregov, R. 1936. *Smerdis macrurus* Agassiz de l'Oligocène de la Bulgarie du Sud-ouest. - *Geologica Balc., 2,* 2, 96-102.

Beregov, R. 1937. Terciário no Norte da Bulgária. - *Revisão de Bulgarian Geological Society, 9,* 3, 185-255 (em búlgaro).

Beregov, R. 1938a. Notas geológicas sobre os arredores de Ivaylovgrad. - *Revista da Sociedade Geológica da Bulgária, 10,* 2, 127-131 (em Búlgaro).

Beregov, R. 1938b. Peixes fósseis do Plioceno Inferior perto da cidade de Vidin. - *Geologica Balc., 3,* 1, 18-22 (em búlgaro).

Beregov, R. 1939. Sobre a Geologia Terciária em Pernik. - *Geologica Balc., 3,* 2, 46-54 (em búlgaro).

Beregov, R. 1940. Plioceno em Lom (estudos estratigráficos e paleontológicos). - *Review of Bulgarian Geological Society, 11,* 347-392 (em búlgaro).

Beregov, R. 1941a. Geology of the close environments of Breznik Town. - *Annuaire de la Direction pour les recherches Géologiques et Minière en Bulgarie, A, 1*; 49-60 (em búlgaro).

Beregov, R. 1941b. The landslides of the Black Sea coast near Balchik Town. - *Annuaire de la Direction pour les recherches Géologiques et Minière en Bulgarie, A, 1*, 177-184 (em búlgaro).

Beregov, R. 1941c. The geology of the Tertiary sediments with the perspectives to find new coal deposits. - *Annuaire de la Direction pour les recherches Géologiques et Minière en Bulgarie, A, 1,* 122-131 (em búlgaro).

Beregov, R. 1942. Geology of the southern slopes of Varbitsa part of East Stara Planina. - *Annuaire de la Direction pour les recherches Géologiques et Minière en Bulgarie, A, 2*, 89-106. (em búlgaro).

Beregov, R. 1945. Bituminous rocks in Breznik area (geol.-montanist studies). - *Annuaire de la Direction pour les recherches Géologiques et Minière en Bulgarie, A, 3*, 1-26 (em búlgaro).

Beregov, R. 1946. O Terciário na Bulgária. - *In*: Geology of Bulgaria,- *Annuaire de la Direction pour les recherches Géologiques et Minière en Bulgarie, A, 4*, 169-196 (em búlgaro).

Bonchev, E., R. Beregov. 1935. Tithonian na montanha Konyavo - *Geologica Balc. 1*, 3, 138-142 (em búlgaro).

Tzankov, V., R. Beregov. 1940. Geology of Varna Plateau. - *Review of Bulgarian Geological Society, 12*, 2, 119-148 (em búlgaro).

Relatórios no Fundo Geológico Nacional (Geofund) da Direção "Recursos Naturais e Concessões", Departamento "Serviço Geológico Nacional" do Ministério da Economia

Beregov, R. 1932-f. Relatório sobre o abastecimento de água de um poço de 2000 metros na aldeia de Konstantinovo. - *Fundo Geológico*, V, 0004 (em búlgaro).

Beregov, R. 1939a-f. Report on the geological studies of the near vicinity of the mineral spring in the village of Varbitsa, Preslav district. *Fundo Geológico*, III, 0032 (em búlgaro).

Beregov, R. 1939b-f. Report on the iron fields in Elhovo and its neighboring parts in the regions of Nova Zagora, Yambol and Sredets. - *Fundo Geológico*, 0004 (em búlgaro).

Beregov, R. 1939c-f. Relatório sobre os levantamentos geológicos do ferro entre o O pico de Yazova e a aldeia de Jelezna, no terreno da aldeia de Jelezna, Ferdinand. - *Fundo Geológico*, I, 0067 (em búlgaro).

Beregov, R. 1939d-f. Relatório sobre o levantamento geológico da concessão "Spasenie" em Breznik - *Fundo Geológico,* I, 0114 (em búlgaro).

Beregov, R. 1941a-f. A report on geological studies on the southern slopes of the Varbitsa part of Eastern Balkan Mountains. - *Fundo Geológico*, IV, 0006 (em búlgaro).

Beregov, R. 1941b-f. Relatórios geológicos de Ivaylovgrad e Chirpan - *Fundo Geológico*, IV, 0004 (em búlgaro).

Beregov, P. 1941c-f. Relatório. O Terciário no Noroeste da Bulgária. - *Geological Fundo*, IV, 0003 (em búlgaro).

Beregov, R. 1941d-f. Exposição aos resultados de estudos hidrogeológicos preliminares na parte oriental do sul de Dobrogea com vista ao seu abastecimento de água - *Fundo Geológico*, V, 0001 (em búlgaro).

Beregov, P. 1942a-f. Statement on the Petroleum Geological Possibilities in Bulgaria and Guidelines for Exploration Works for Oil, Salt and Coal - *Geological Fund*, III, 0001 (em búlgaro).

Beregov, R. 1942b-f. Map and list of oilfields in Bulgaria (Mapa e lista de campos petrolíferos na Bulgária). - *Fundo Geológico*, III, 0029 (em búlgaro).

Beregov, R. 1942c-f. Relatório sobre os resultados dos inquéritos geotécnicos na zona betuminosa de Breznik em 1942. - *Fundo Geológico*, III, 0031 (em búlgaro).

Beregov, R. 1944a-f. Relatório sobre os Estudos de Xistos Betuminosos na aldeia de Svetlya, Radomir em 1943. *Fundo Geológico*, III, 0030 (em búlgaro).

Beregov, R. 1944b-f. Geology of Lom Basin in relation to the future exploitation of the coal there.- *Geological Fund*, II, 0010 (em búlgaro).

Beregov, R. 1944c-f. Preliminary Report on the Geological Survey of the Chukurovo Coal Basin (Relatório preliminar sobre o levantamento geológico da bacia carbonífera de Chukurovo). - *Fundo Geológico*, II, 0011 (em búlgaro).

Beregov, R. 1944d-f. Review of Tertiary Coal Basins in Bulgaria - *Geological Fund*, II, 0007 (em búlgaro).

Beregov, R. 1944e-f. Preliminary report on geological studies on the southern slope of the Varbitsa part of the Eastern Balkan Mountains. - *Fundo Geológico*, III, 0022 (em búlgaro).

Beregov, R. 1944f-f. Perfil de perfuração № 7 Varbitsa, Distrito de Preslav - *Fundo Geológico*, III, 0033 (em búlgaro).

Beregov, R. 1946-f. Relatório sobre: ocorrências de carvão na aldeia de Bejanovo, distrito de Lukovit. - *Fundo Geológico*, II, 0031 (em búlgaro).

Beregov, R., F. Marinov. 1944-f. Resultados dos estudos preliminares da nova bacia de carvão de lenhite na região de Sófia. - *Fundo Geológico*, II, 0009 (em búlgaro).

Tzankov, V., R. Beregov. 1940a-f. Geology of Varna Plateau. - *Fundo Geológico*, III, 0019. (em búlgaro).

Tzankov, V., R. Beregov. 1940b-f. Relatório sobre a localização do poço nº 7 na região de Varbitsa. - *Fundo Geológico*, III, 0040 (em búlgaro).

Tzankov, V., R. Beregov. 1948-f. Mapa hidrogeológico do planalto de Varna. *Fundo Geológico*, V, 0035 (em búlgaro).

Tzankov, V., E. Cohen, R. Beregov. 1939-f. Um relatório sobre a geologia da parte de Varbitsa das Montanhas Orientais dos Balcãs em conexão com a exploração de petróleo lá. - *Fundo Geológico*, III, 0015 (em búlgaro).

Svetlana Pavlovna Cernjavska (Светлана Павловна Чернявская) **(1929 - 2002) - Fundador da Federação Paleopalinologia Búlgara**

Resumo. Svetlana Pavlovna Cemjavska era geóloga, paleopalinologista, doutorada e professora associada. Iniciou os seus estudos universitários em Belgrado e foi expulsa para a Bulgária. Licenciou-se na Universidade de Sófia em 1954. Trabalhou no laboratório de Paleontologia do Comité de Geologia, onde estudou o pólen e os esporos do Paleogénico; doutorou-se em 1969 e tornou-se investigadora associada sénior (atualmente Professora Associada) na
Instituto Geológico da Academia de Ciências da Bulgária; mais tarde, iniciou o estudo do pólen e dos esporos do Jurássico. Autora de mais de 40 artigos científicos.

Vida

Svetlana Cernjavska nasceu a 26 de setembro de 1929 em Belgrado. O seu pai, Pavel Ivanovich Cernjavsky (1892, Rostov-on-Don, Rússia - 1969, Volgogrado, Rússia), botânico, paleobotânico, doutorado, professor, membro da Academia de Ciências da

Sérvia. O trabalho científico do fundador da palinologia sérvia esteve sempre em estreito contacto com a geologia e a paleopalinologia.

Pavel Ivanovich Cernjavsky (1892-1969)

Pavel licenciou-se na Faculdade de Física e Matemática da Universidade de Kharkov. Durante a Guerra Civil, foi mobilizado e, com o exército de Vrangel, evacuado para a Turquia. Este país perdeu muitos especialistas durante a Primeira Guerra Mundial e, para preencher esta lacuna, acolheu emigrantes russos. Assim, Pavel Cernjavsky ia para Belgrado e o seu caminho passava pela Grécia. Aqui, tornou-se amigo de muitas pessoas e um jovem artista ofereceu-lhe os seus quadros, que ainda hoje estão pendurados nas paredes da sua casa em Sófia. Mas no caminho, Pavel perdeu o seu diploma universitário. Ao chegar a Belgrado, pediu várias vezes à Universidade de Kharkov que lhe fosse entregue um duplicado do diploma, mas não obteve qualquer resposta. Este facto obrigou-o a voltar a ser estudante na Universidade de Belgrado, onde, após estudos normais, recebeu um novo diploma e começou a estudar a flora moderna e fóssil da Sérvia e da Croácia.

Inicialmente, trabalhou como assistente no Departamento de Botânica da Universidade de Belgrado e, sob a orientação do paleontólogo de origem russa Vladimir Dmitrievich Laskarev (1868-1954), durante o período de 1936-1937, elaborou uma tese de doutoramento sobre "Investigação palinológica sobre as lamas do lago Vlasina, na Sérvia". Trabalhou como conservador botânico no Museu da Terra Sérvia desde 1938. Grande parte do seu trabalho científico foi realizado na Sérvia, trabalhando na Faculdade de Silvicultura de Belgrado, onde se tornou professor. Pavel casou com uma mulher jugoslava que o seguiu no seu martírio na Bulgária e na Rússia. Como botânico, ocupou-se da evolução, da sistemática e da taxonomia das plantas, bem como da história da vegetação. Foi também um grande especialista em vegetação florestal na Península Balcânica. Há mais de 70 anos, dedicou muitos esforços à proteção da natureza, propondo a criação de zonas protegidas separadas onde seriam preservadas espécies vegetais raras e ameaçadas. Como paleobotânico, estudou a flora neozóica de Blatz, Kragujevac, Srem, Metohija, Negotin, Glogovitsa e a flora do início do Jurássico da Sérvia Oriental, incluindo a da mina de Vrashka Chuka, na fronteira entre a Sérvia e a Bulgária. Em 1948, no âmbito da crise entre a Jugoslávia e a URSS, os russos, que já tinham recebido a cidadania soviética em detrimento de Nansen, devem aceitar a cidadania jugoslava ou abandonar a Jugoslávia. Apesar de o Professor Cemjavsky ter uma mulher jugoslava e uma filha que frequenta a Universidade de Belgrado, não renunciou à sua cidadania soviética, abandonou as fronteiras da Jugoslávia e veio para Sófia. Como especialista proeminente, de 1951 a 1960, trabalhou como Investigador Associado Sénior no Instituto Florestal da Academia Búlgara de Ciências e dedicou-se à flora e ecologia modernas. Na Bulgária, o Dr. Pavel Ivanovich Cernjavsky é autor de mais de 20 artigos científicos. P.I. Cernjavsky era um homem com um destino muito complexo. Sonhava em regressar à sua terra natal e essa oportunidade foi-lhe dada nos anos 60, quando foi para a URSS e trabalhou num dos institutos de investigação em Volgogrado como investigador principal. Foi publicado na Sérvia um livro especial sobre a vida e a criatividade do Professor Dr. Pavel Cemjavsky.

Svetlana Cernjavska (fotografia de 1965?)

Svetlana Cernjavska terminou a escola russa e entrou na Faculdade de Geologia da Universidade de Belgrado, mas não conseguiu terminá-la e teve de emigrar para a Bulgária em 1951 com os seus pais. Aqui, frequenta o curso de Geologia da Faculdade

de Biologia-Geologia-Geografia da Universidade Estatal de Sófia, onde se licencia em 1954. Svetlana casou-se com o neurologista búlgaro Velichko Nikolkov, com quem tem uma filha, Svetlana. Existe uma tradição familiar: ambas as Svetlana - mãe e filha - conservaram os apelidos dos seus pais - Svetlana Cernjavska e Svetlana Nikolkova.

Anos de criatividade científica

Svetlana Cernjavska, depois de concluir a universidade em 1954, foi afetada ao Departamento de Cartografia Geológica na escala 1: 200 000 pelo Departamento de Investigação Geológica e Mineira, Grupo n.º 1 (chefiado por Boyan Vrabliansky). Nessa altura, o grupo geológico trabalhou em Stara Planina Central e cartografou a área da bacia carbonífera de Balkanbas. No ano seguinte, o grupo esteve em missão no Noroeste da Bulgária - áreas de Vratsa e Belogradchik. Mais tarde, S. Cernjavska integrou o Laboratório Paleontológico do Departamento de Investigação Geológica e Mineira. A sua primeira publicação data de 1956 e é sobre a flora fóssil da mina de carvão búlgara Vrashka Chuka (Cernjvska, 1956).

Zamites feneonis Brgnt. da mina búlgara Vrashka Chuka (Cemjavska, 1956)

Os espécimes, recolhidos pelo Prof.

V. Tzankov e dado para determinação aSvetlana

Cernjavska eram numerosos. No entanto, a coleção era uniforme e pertencia apenas a *Zamites feneonis* Brgnt, espécie desconhecida até ao momento pelo paleontólogo búlgaro, mas bem conhecida e caraterística do Jurássico Médio e Superior em França e na Alemanha. Esta determinação confirmou a opinião de Tzankov, Zaharieva-Kovacheva (1959), que as jazidas de carvão da flora são do Jurássico Médio (provavelmente Bajociano). Assim, S. Cernjavska desempenhou o papel de árbitro entre as concepções dos geólogos búlgaros e sérvios (para os quais o carvão de Vrashka Chuka era e continua a ser de idade Jurássica Inicial).

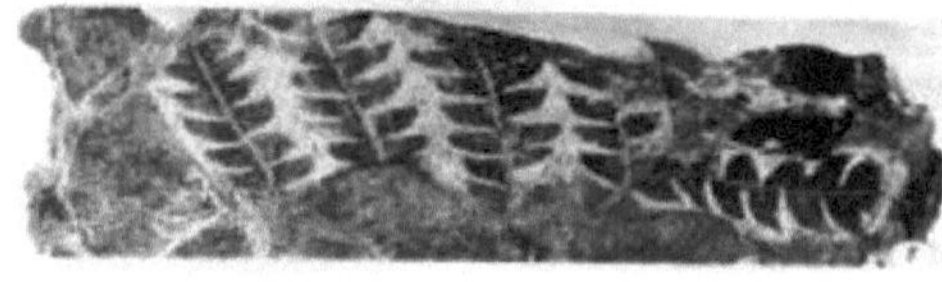

A sua segunda publicação (Cernjavska, 1959) está no Paleoflora do Turoniano do Balkanbass (Central Stara Planina Mnts.). Aqui, como resultado da cartografia geológica pormenorizada e

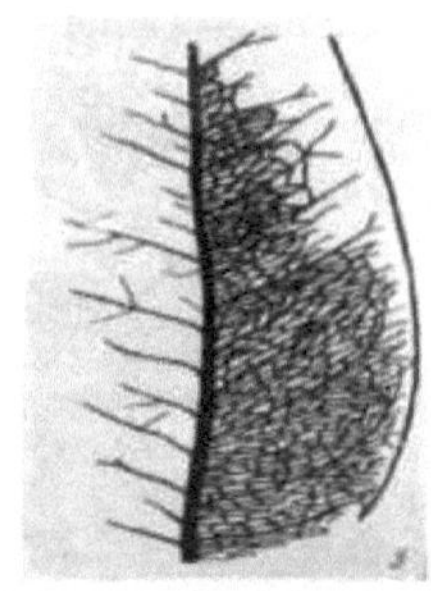

Investigação paleoflorística sobre o Turoniano do Bacia dos Balcãs (Cernjavska 1959, placa 2)

1. *Aenigmatophylum gothani* (Krest.) Hart., 2. *Zamites* sp.
3. *Magnolia glaucoides* Nowb.

realizado na época da Bacia Carbonífera dos Balcãs, obteve-se um rico material paleobotânico que não foi suficientemente estudado. Cemjavska ocupou-se disso e, em resultado do seu estudo, estabeleceu, descreveu e publicou 13 espécies de plantas.

No Laboratório Paleontológico do Departamento de Investigação Geológica e Mineira, Svetlana Cernjavska especializou-se no estudo de esporos e pólen - assim, a paleopalinologia torna-se uma nova direção de investigação científica na Bulgária. Um indicador da utilização desta nova metodologia é a redação da publicação seguinte de Cernjavska (1960) para os Estudos Palinológicos do Carvão da mina de Zelenigrad, perto de Belogradchik. A tarefa é novamente árbitro - para a idade do carvão perto de Belogradchik. Pela primeira vez na Bulgária, coloca-se a questão da presença de carvão do Pérmico Inferior. Svetlana, depois de estudar o pólen, determinou a idade permiana destes carvões.

No trabalho científico e prático seguinte de Svetlana Cernjavska há duas fases: 1) a primeira, que começou com o artigo de Cernjavska, Ipatova (1963), definiu a palinoflora dos sedimentos do Paleogénico, analisando inicialmente as amostras enviadas pelos geólogos mineiros; mais tarde trabalhou com Rosen Ivanov principalmente no Paleogénico do Sul da Bulgária; 2) durante a segunda, que começou com o artigo de Cernjavska (1965) - estudou o pólen e os esporos dos sedimentos do Jurássico - continentais e marinhos das perfurações profundas de petróleo no Norte da

Bulgária e nas montanhas orientais de Stara Planina. Em geral, estas fases sucedem-se, mas há também artigos de uma fase que são "inseridos" numa das outras.

A primeira fase começou com o artigo de Cernjavska, Ipatova (1963) no qual fizeram uma correlação bem sucedida das bacias carboníferas búlgaras do Terciário Inicial no Sudoeste da Bulgária com base nos resultados da análise de esporos de pólen.

Svetlana Cernjavska - Pequeno descanso na secção geológica (cerca de 1965)

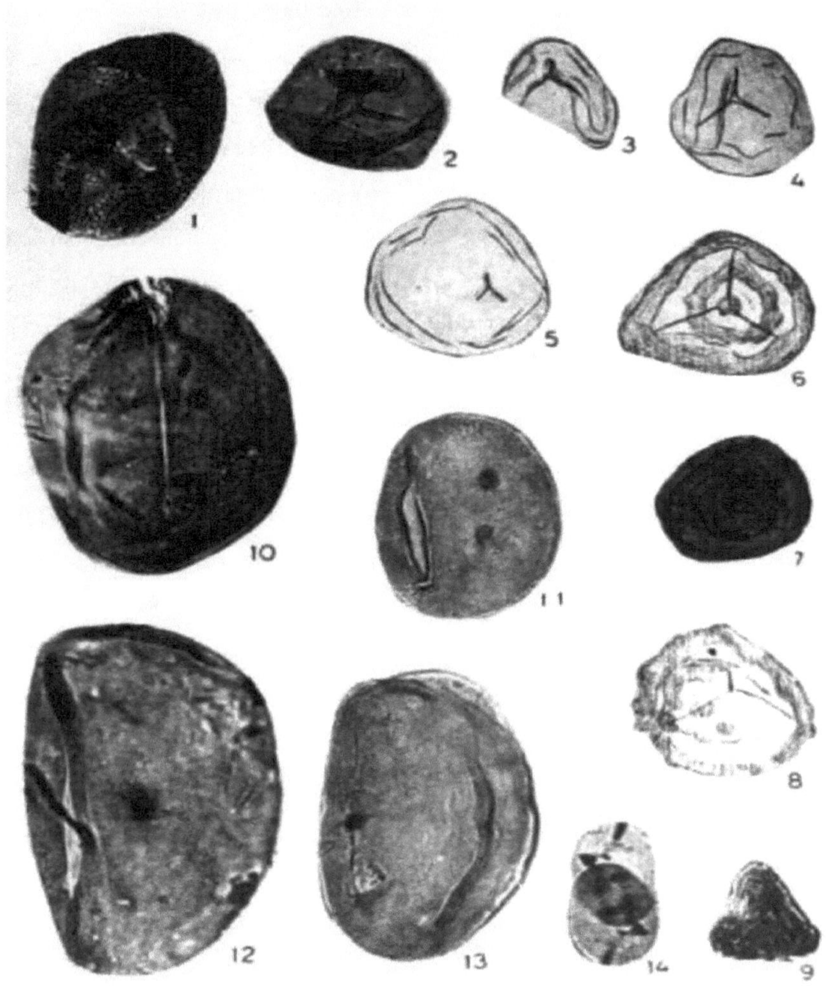

Palinomorfos do Permiano da mina de Zelenigrad (Cernjavska, 1960)
1,2. Azonotriletes verruculosus n.sp.; *3, 4. Azonotriletes microrugosus* (Ibr.) Waltz; *5, 6. Azonotriletes glaber* (Neum.) Waltz; *7, 8. Zonotriletes tuberculo-gyratus* n.sp; *9.Zonotriletes incrustatus* Luber; *10,13. Azonomonoletus vulgaris* (Ibr.) Luber; *11. A. vulgaris* (Ibr.) Luber f. *media* Luber; *12. A. vulgaris* (Ibr.) Luber f. *gigantea* Luber; *14. A. vulgaris* (Ibr.) Luber f. *minor* Luber

Nesta altura, Svetlana Cemjavska, juntamente com os colegas D. Mincev, D. Counev e K. Budurov (Mincev et al., 1962), relatou perante a reunião consecutiva da Sociedade Geológica Jugoslava os dados búlgaros (obtidos principalmente por S. Cernjavska) sobre a idade Jurássica Média do carvão da parte búlgara da mina Vrashka Chuka. O artigo foi escrito e o relatório foi lido em sérvio puro, a língua materna de Svetlana. No V Congresso da Comissão Internacional de Estratigrafia e Geologia do Carbonífero, realizado em Paris (1964), D. Mincev e S. Cernjavska deram informações sobre a fase permiana inicial da formação de carvão no Noroeste da Bulgária. Mais tarde, no seu artigo na série "Paleontologia", Cernjavska (1966), que é um prolongamento do artigo com Z. Ipatova, continuou a descrever em pormenor e em 16 placas paleontológicas os esporos do Eocénico tardio do carvão castanho nas montanhas orientais de Stara Planina. O ensaio já está a ser feito pelo próprio Cernjavska, tendo sido testados todos os desenvolvimentos disponíveis nas bacias carboníferas de Bela e Bourgas.

Mais tarde, Cernjavska (1967) fez uma caraterização dos complexos de esporos-pólen do carvão do Eoceno Superior na Bulgária Oriental, com a qual contribuiu para um maior desenvolvimento da sua paleontologia e especificação da sua idade; no artigo de Cernjavska (1967), resumiu os esporos fósseis e grãos de pólen das bacias carboníferas do Priaboniano na Bulgária e a sua interpretação climática, que são a base da sua tese de doutoramento. Juntamente com Adriana Petkova (Cernjavska, Petkova, 1968), efectuam uma caraterização de esporos e pólenes das argilas marinhas do Oligoceno da região de Varna.

Após a integração do GI BAS (Instituto Geológico da Academia de Ciências da Bulgária) no NIGI (Instituto Geológico de Investigação Científica) do Comité de Geologia em 1967, Svetlana Cernjavska passou para a Secção Estratigráfica (chefiada pelo Prof. Hristo Spasov) no Instituto recém-unificado e mudou-se para o edifício do GI BAS em Acad. Bonchev Str. bl. 24 e, desde então, até à sua reforma em 1994, trabalhou aí.

Svetlana Cemjavska na Conferência Científica da Sociedade Geológica Búlgara (1968) em Varna - Drujba resort, Hotel Joliot-Curie: primeira linha: da direita para a esquerda - S. Cernjavska, Prof. V. Tsankov, Dr. T. Nikolov, V. Kostadinov; segunda linha Dr. G. Cheshitev, St.

Svetlana Cernjavska e a sua neta Xenia

Em janeiro de 1969, Svetlana Cernjavska defendeu a sua tese de doutoramento perante o Conselho Especial para as Ciências Geológicas na Comissão Superior de Certificação (HAC) sobre "Análise de esporos e pólen dos sedimentos do Paleogénico na Bulgária", tese essa que, em 03.03.1969, foi aprovada com parecer favorável na Comissão de Geologia e Ciências Geográficas da HAC e, em 03.06.1969, o Presidente da HAC assinou

Diploma №1772 para Svetlana Pavlova Cemjavska para Candidato de ciências geológicas e mineralógicas (equivalente a doutoramento).

No final dos anos 60 e início dos anos 70, Svetlana Cernjavska trabalhou com sucesso com o colega Rosen Ivanov, com quem publicou vários artigos sobre a idade do vulcanismo do Paleogénico na Bulgária Ocidental, de acordo com estudos geológico-petrográficos e palinológicos: 1. Paleogénico em Suhostrel - Padesh (Ivanov, Cernjavska, 1970); 2. Paleogénico em Kamenitsa (Ivanov et al., 1971); 3. Paleogénico em Mesta (Ivanov, Cernjavska, 1972). Cernjavska continuou a trabalhar no Paleogénico dos Rodopes Centrais (Stefanov et al., 1974) e na caraterização de esporos de sedimentos contendo carvão na região de Pchelarovo, Rodopes Orientais (Cernjavska, 1973). Neste período, Cernjavska (1969) publicou o seu ponto de vista sobre as questões controversas sobre "Categorias de análise de esporos e pólen comparadas com as principais divisões da estratigrafia", publicou também novos esporos e pólen das bacias carboníferas do Paleogénico na Bulgária (Cernjavska, 1970); resumiu os seus pontos de vista sobre zonas de esporos e pólen em alguns sedimentos antigos do Terciário na Bulgária (Cernjavska, 1970). Publicou um pequeno artigo numa revista soviética sobre os seus dados paleopalinológicos sobre a estratigrafia dos depósitos do Paleogénico na Bulgária, bem como os dados palinológicos sobre a flora do Paleogénico (Cernjavska, 1975) na Bulgária.

No artigo seguinte, Cernjavska (1970) identificou o carácter específico dos complexos de esporos-pólen do Terciário búlgaro, determinado não só pelo paleoclima, mas também pelo ambiente paleotectónico existente nessa altura nos territórios búlgaros. Efectuou uma subdivisão zonal dos sedimentos carboníferos com idades entre o Eoceno tardio e o Oligoceno. Na mesma publicação, Svetlana individualizou duas zonas nos sedimentos do Eoceno Superior: A) Zona de *Undulatisporites intrareticulatus*; B) Zona de *Toroisporis aneddeni*, sendo a fronteira entre elas gradual. Para a zonagem dos sedimentos do Oligoceno, separou também duas zonas: A) Zona de *Monocolpopollenites amplitudo*; B) Zona de *Intratriporopollenites insculptus*. Cernjavska fez também correlações com as subdivisões zonais alemãs.

Apreciando os grandes progressos alcançados no estudo da palinologia búlgara e as necessidades do Instituto Geológico de um especialista que dirija esta ciência no Instituto Geológico, o Conselho Científico do Instituto Geológico abriu, no início de 1977, um concurso para o grau de Investigador Associado Sénior II (atualmente Professor Associado) em "Estratigrafia". No concurso apareceu apenas Svetlana Cernjavska e ganhou-o. Os documentos do concurso foram examinados pelo Conselho Especializado da Comissão Superior de Certificação e o resultado do concurso foi aprovado pela Comissão de Ciências Geológicas e Geográficas na sua reunião de 01.04.1977 e o Presidente da Comissão Superior de Certificação assinou o seu diploma em 4 de maio de 1977 - Diploma para o grau de Associado II de Investigação Sénior №2524 e Svetlana Cernjavska torna-se Associada II de Investigação Sénior (agora Prof. Associado) no Departamento de Estratigrafia do Instituto Geológico "Acad. Str. Dimitrov" na Academia de Ciências da Bulgária.

No final da década de 70, a Dra. Cernjavska contribuiu para o estudo da palinoflora do Paleogénico da Sérvia Oriental (Milakovic et al., 1978, Milakovich et al., 1980) e da palinologia romena do Eojurássico dos Cárpatos do Sul (Nastaseanu, Cernjavska, 1980). Na década de 1980, Cernjavska participou na 5ª Conferência da Associação Palinológica Internacional com os seus dados sobre a palinologia do Jurássico Inferior na Bulgária (Cernjavska, 1980).

Em 26 de setembro de 1979, Svetlana Cernjavska fez uma grande reunião com todo o Instituto por ocasião do seu 50º aniversário.

Para o Congresso da Associação Geológica dos Cárpatos-Balcãs em Bucareste, uma equipa constituída por D. Bakalova, S. Breskovski, L. Dodecova e S. Cernjavska está a compilar um artigo que reúne os seus dados sobre a distribuição de taxa de diferentes organismos no Nordeste da Bulgária ao longo da fronteira Jurássico/Cretáceo (Bakalova et al., 1981).

A trabalhar no artigo sobre o Jurássico Inferior, Platon e Svetlana fizeram uma viagem de campo ao vale do rio Nishava para procurar a pedreira abandonada de argila refractária na aldeia de Stanyantsi, distrito de Godech, da qual Ivan Nachev lhe tinha dado muitas amostras com palinomorfos ricos e bonitos. Recolheram muitas amostras,

Svetlana Cernjavska - com o seu sorriso radiante que mostra o seu prazer no trabalho de campo (cerca de 1991)

mas sem resultados positivos. Recolheram também amostras da secção do Jurássico continental no corte da linha férrea não muito longe da estação ferroviária de Stanyantsi, mas, infelizmente, também sem resultado.

Durante o estudo das secções jurássicas em Krajishte (sudoeste da Bulgária), em 1981, Svetlana pediu para visitar e ver os afloramentos do Jurássico Inferior na zona a oeste da aldeia de Kovachevtsi. O acesso era bastante difícil - o relevo era muito íngreme e o tempo - muito quente, mas ela forçou-se e, apesar dos anos acumulados, foi pessoalmente recolher amostras destes afloramentos - mostrou que um geólogo de laboratório devia andar no terreno - só o microscópio não resolve os problemas geológicos.

A Dra. Cernjavska trabalhou intensamente nas décadas de 1970 e 1980, em espécimes do núcleo da perfuração profunda de petróleo no Centro-Norte e Nordeste da Bulgária. É assim que a sua participação é descrita em Sapunov et al., 1985 (página 145): "Cernjavska participou no trabalho de campo e efectuou o tratamento taxonómico de esporos e pólen. Além disso, efectuou estudos especiais para distinguir os depósitos continentais da Formação Kaloyan das rochas litologicamente próximas da Formação Essenitsa. "

<table>
<tr><td>Bathonian</td><td colspan="2" align="center">Foveotriletes microreticulatus — Todisporites minor
Concurrent-range-zone</td><td></td></tr>
<tr><td rowspan="2">Bajocian Upper</td><td rowspan="2">Leptolepidites equatibossus
Range-zone</td><td>Neoraistrickia gristhorpensis — Trilites lygodioides
Concurrent-range-subzone</td><td></td></tr>
<tr><td rowspan="1"></td></tr>
</table>

Bathonian	*Foveotriletes microreticulatus — Todisporites minor* Concurrent-range-zone		
Bajocian — Upper	*Leptolepidites equatibossus* Range-zone	*Neoraistrickia gristhorpensis — Trilites lygodioides* Concurrent-range-subzone	
Bajocian — Lower		*Gleicheniidites conspiciendus/Neoraistrickia gristhorpensis* Biointerval-subzone	
Aalenian	*Spheripollenites scabratus — Lophotriletes verrucosus* Concurrent-range-zone		
Toarcian	*Spheripollenites subgranulatus* Acme-zone		
Pliensbachian — Upper	*Ischyosporites* ex gr. *variegatus/Matonisporites crassiangulatus* Biointerval-zone		
Pliensbachian — Lower	*Cerebropollenites macroverrucosus — Trachysporites asper* Concurrent-range-zone		*Classopollis* Acme-subzone
Sinemurian			*Chasmatosporites* Acme-subzone
Hettangian	*Retitriletes clavatoides/Cerebropollenites macroverrucosus* Biointerval-zone		

Unidades zonais palinoestratigráficas para o Jurássico Inferior e o Aaleniano - Bathoniano

Os resultados do estudo dos palinomorfos do Jurássico são resumidos por Cemjavska no seu artigo curto, mas muito importante, que trata da palinoestratigrafia dos sedimentos do Jurássico Inferior e Médio da Bulgária (Cernjavska, 1986). Aqui estão incluídos os resultados obtidos por ela não só a partir das perfurações profundas mas também dos afloramentos terrestres nas diferentes partes da Bulgária. Com base na distribuição das espécies para o intervalo desde o Hettangiano até ao Bathoniano, Cernjavska introduziu 11 subdivisões zonais. Para o Hettangiano, introduziu a zona de intervalo *Retitriletes clavatoides/Cerebropollenites macroverrucosus*; para o Sinemuriano e para o subestágio do Pliensbachiano Inferior - a zona de intervalo simultâneo *Cerebropollenites macroverrucosus-Trachysporites asper*; para o Pliensbachiano Superior - a zona de intervalo *Ischyosporites* ex gr. *variegatus/Matonisporites crassiangulatus Zona de* intervalo; para o Toarciano - *Spheripollenites subgranulatus* Zona Acme; para o Aaleniano - *Spheriyolites scabratus-Lophotriletes verrucosus* Zona de intervalo concorrente; para o Bajociano - a zona de gama *Leptolepidites equatibossus* com duas subzonas - a inferior - *Gleicheniidites conspiciendus/ Neoraistrickia gristhopensis Subzona de* biointervalo e a superior *Neoraistrickia gristhopensis-Trilites lygodioides Subzona de gama concorrente*; para o Bathoniano - a zona de gama concorrente *Foveotriletes microreticulatus-Todiosporites minor.*

Distribuição vertical de palinomorfos seleccionados do Jurássico Inferior e Médio

Hettangian	Sinemurian	Pliens-bachian		Toarcian	Aalenian	Bajo-cian		Bathonian	LIST OF PALYNOMORPHS
		Lower	Upper			Lower	Upper		

Zebrasporites interscriptus (Thiergart, 1949), Schulz, 1967
Aratrisporites minimus Schulz, 1967
Acanthotriletes varius Nilsson, 1958
Trachysporites asper Nilsson, 1958
Ovalipollis ovalis Krutzsch, 1955
Foraminisporis jurassicus Schulz, 1967
Cerebropollenites thiergarti Schulz, 1967
Eucommiidites granulosus Schulz, 1967
Lycopodiacidites rugulatus (Couper, 1958) Schulz, 1967
Pinuspollenites spp.
Circulina-Classopollis morphogroup
Chasmatosporites major Nilsson, 1958
Chasmatosporites apertus (Rogalska, 1954) Nilsson, 1958
Quadraeculina anellaeformis Maljavkina, 1949
Cyathidites australis Couper, 1953
Cyathidites minor Couper, 1953
Duplexisporites problematicus (Couper, 1958) Playford & Dettmann, 1965
Uvaesporites argentaeformis (Bolkhovitina, 1953) Schulz, 1967
Concavisporites spp.
Osmundacidites wellmanii Couper, 1953
Spheripollenites subgranulatus Couper, 1958
Retitriletes semimuris (Danzé-Corsin & Laveine, 1963) McKellar, 1974
Retitriletes clavatoides (Couper, 1958) Döring et al., 1966
Cerebropollenites macroverrucosus (Thiergart, 1949) Schulz, 1967
Circularesporites cerebroides Danzé & Laveine, 1963
Todisporites minor Couper, 1958
Neoraistrickia truncata (Cookson, 1953) R. Potonie, 1956
Foveosporites sp.
Leptolepidites major Couper, 1958
Ischyosporites ex gr. variegatus (Couper, 1958) Schulz, 1967
Trilites minutus (Bolkhovitina, 1961) Mai, 1967
Leptolepidites bossus (Couper, 1958) Schulz, 1967
Staplinisporites telatus (Balme, 1957) Döring, 1965
Foveosporites macrofoveolatus Schulz, 1966
Retitriletes neoreticuloides Schulz, 1966
Lophotriletes verrucosus Schulz, 1967
Trilites lygodioides Mai, 1967
Matonisporites crassiangulatus (Balme, 1957) Dettmann, 1963
Foveosporites multifoveolatus Döring, 1965
Foveosporites foveoreticulatus Döring, 1965
Callialasporites dampieri (Balme, 1957) Sukh Dev, 1961
Callialasporites turbatus (Balme, 1957) Schulz, 1967
Callialasporites trilobatus (Balme, 1957) Sukh Dev, 1961
Gleicheniidites circinidites (Cookson, 1953) Krutzsch, 1959
Spheripollenites scabratus Couper, 1958
Leptolepidites equatibossus (Couper, 1958) Tralau, 1968
Gleicheniidites senonicus Ross, 1949
Gleicheniidites conspiciendus (Bolkhovitina, 1953) Krutzsch, 1959
Sestroisporites pseudoalveolatus (Couper, 1958) Dettmann, 1963
Neoraistrickia baculifera (Maljavkina, 1949) R. Potonie, 1956
Neoraistrickia gristhorpensis (Couper, 1958) Tralau, 1968
Uvaesporites cerebralis Tralau, 1968
Foveotriletes microreticulatus Couper, 1958
Cardioangulina trivalviformis Maljavkina, 1949

1 - abundante; 2 - comum-muito comum; 3 - raro

Na década de 1960, Ivan Nachev, Ivo Sapunov e July Stefanov, colegas com grande mérito no estudo do sistema jurássico da Bulgária e com peso na comunidade geológica búlgara, lançaram uma interessante hipótese sobre a idade dos argilitos escuros das montanhas de Stara Planina Oriental (Nachev et al., 1967), acreditando que todos os blocos de rocha de idade triássica ou jurássica incluídos nos "argilitos escuros" da Formação Kotel do Cretácico Superior representavam olistolitos. A sua conclusão era muito lógica - entre os sedimentos da Formação Kotel, que consideravam autóctones, perto e na cidade de Kotel existem blocos com idade comprovada entre o Jurássico Final e o Cretácico Inicial (e.g. Nachev et al., 1967, fig.4; Tchoumatchenco, Cemjavska, 1990, quadro I, imagem 12 - *Idoceras* cf. *schroederi* Wegele 1929 - determinado por I. Sapunov). Esta conclusão muito atraente foi adoptada quase imediatamente pela maioria dos geólogos búlgaros. Os colegas do "Jurássico" quiseram apoiar a sua tese com dados paleontológicos, recolhendo alguns espécimes para análise de esporos de pólen. Naturalmente, será Svetlana Cernjavska a examiná-los - ela já ganhou o nome de uma palinologista boa e objetiva, que conhece muito bem as palinomorfoses do Cretáceo Superior. Os resultados, para "arrependimento" dos especialistas do "Jurássico", são que os esporos e o pólen da Formação Kotel, nas Montanhas Stara Planina Orientais, depois de S. Cernjavska, são de idade Jurássica Média. Os colegas do "Jurássico" não ficaram satisfeitos com estes resultados, mas como investigadores que apreciam a opinião de outros cientistas, pediram-lhe e instaram-na a publicar os resultados, o que Svetlana fez (Cernjavska, 1965). Este facto não impede que os adeptos da hipótese olistostromiana tenham em conta os resultados paleontológicos de Svetlana Cernjavska, mas procuram na literatura casos de ressedimentação de esporos e pólen, mesmo de idade paleozóica, em sedimentos mesozóicos (Nachev et al., 1967; Nachev, 1980).

Mais tarde, Platon Tchoumatchenco começou a estudar os braquiópodes do Jurássico já recolhidos, incluídos na Formação Kotel, e a procurar novos "olistolitos", também contendo braquiópodes. Andando no campo, vê que, para além dos blocos, sem dúvida estranhos à matriz dos "argilitos negros", há corpos de rochas que passam de um vale para outro e são bem traçados. Surgem as perguntas 88 sobre como explicar o pólen e os esporos de Svetlana Cernjavska, indubitavelmente do Jurássico Médio, na Formação Kotel, e os blocos indubitavelmente do Jurássico Superior e do Cretáceo Inferior incluídos na Formação Kotel. Verificou-se que as rochas do Jurássico Superior e do Cretáceo Inferior se encontravam na vanguarda das nappes, e presumiu-se que, quando as nappes se deslocaram, tinham "retirado" esses blocos do substrato inferior que estavam a deslocar - e assim por diante. São os chamados em francês "rabbotage klippes".

Nos anos 80, P. Tchoumatchenco recomeçou a trabalhar nos sedimentos jurássicos da região oriental de Stara Planina. Naturalmente, convidou Svetlana Cernjavska para trabalhar com ele. Ela aceitou de bom grado o seu antigo trabalho. Assim, P. Tchoumatchenco trabalhou especialmente como geólogo de campo, e Cernjavska estudou os espécimes. Assim, os dados de Cernjavska (1965) e os de Tchoumatchenco foram conciliados para a existência de sequências estratigráficas nas rochas que se encontram estratigraficamente abaixo da Formação Kotel, ou seja, a investigação dos sedimentos Triássico-Jurássicos nas montanhas de Stara Planina Oriental entrou numa nova fase de investigação. Mas Cernjavska, uma típica geóloga de laboratório, não se contentou em dar os seus dados para serem interpretados por geólogos de campo, neste caso por Platon Tchoumatchenco. Ela queria firmemente convencer a verdade das novas conclusões que afectavam o seu nome, apesar de apoiarem a sua opinião inicial. Platon, juntamente com Svetlana e Ivo Sapunov, um dos fundadores da teoria do olistostrom, foram para o terreno no final de 1987. O objetivo da missão era a geologia e, à noite, ouviu-se um belo concerto de grilos! Platon conseguiu persuadir Svetlana e Ivo da fidelidade da nova hipótese e escreveu vários artigos sobre o assunto.

No Congresso da CBGA (Carpatho-Balkan Geological Association) realizado em Sófia em 1989, Tchoumatchenco e Cernjavska (1989) relataram as condições de formação dos sedimentos jurássicos nas montanhas de Stara Planina Oriental. Dois novos artigos, que forneceram dados mais completos sobre o sistema Jurássico em Stara Planina Oriental, foram publicados em Geologica balcanica (Tchoumatchenco, Cernjavska, 1989, 1990). O primeiro trata de questões de estratigrafia dos sedimentos do Jurássico. Foram destacadas três formações: Formações Sinivir, Balaban e Kotel. A

Formação Sinvir é representada pela fina camada de uma alternância flysch de arenitos, aleurolitos e argilitos com concreções sideríticas. A presença de associações características de miosporos (determinadas pelo Dr. Cemjavska) atesta a sua idade Pliensbachiana a Toarciana. Com uma transição sobre a Formação Sinivir, existem arenitos de leito espesso cortados com argilitos finos da Formação Balaban. A sua idade foi determinada como sendo do Toarciano tardio. A secção jurássica nas montanhas orientais de Stara Planina termina com a conhecida Formação Kotel olistostrom, constituída por argilitos cinzentos-pretos com muitos corpos estranhos. Os obtidos dos miosporos da matriz são mostrados por Cernjavska em Tchoumatchenco, Cernjavska (1990) em 9 placas paleontológicas (aqui são mostradas 2 delas).

No total, foram publicadas 5 publicações de Tchoumatchenco, Cernjavska (1988, 1988a, 1989, 1989a, 1990) e uma de Tchoumatchenco, Peybernès, Cernjavska et al. (1992) sobre o sistema jurássico nas montanhas orientais de Stara planina. De facto, esta foi a fase final da atividade científica da Dra. Svetlana Cernjavska antes da sua reforma, mas muito ativa e benéfica para a geologia búlgara.

Os artigos de Tchoumatchenco, Cernjavska (1989, 1989a, 1990) suscitaram interesse entre os geólogos, mas também observações críticas (Pascalev, 1992; Gocev, 1992). Estas notas, no entanto, estão inteiramente relacionadas com o que Tchoumatchenco escreveu, mas não com o que Cernjavska escreveu - ninguém oficialmente não questionou as suas determinações paleontológicas e as interpretações de idade. A publicação mais recente com a participação de Cernjavska é a de Tchoumatchenco et al. (1996), num resumo de uma página, que trata de questões estratigráficas sequenciais sobre as rochas em parte da Bulgária Ocidental, relatadas na reunião final do Projeto 343 do IGCP em Damasco, Síria.

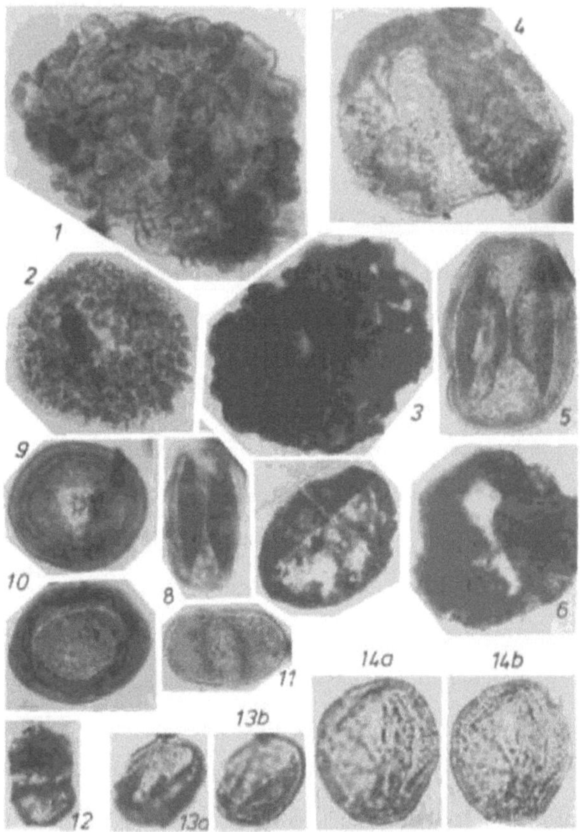

Esporos da Formação Kotel da parte oriental de Stara Planina (Cernjavska in Tchoumatchenco, Cernjavska, 1990, placa VIII) *1, 3. Cerebropollenites macroverrucosus* (Thiergart, 1949) Schultz, 1967; *2. Cerebropollenites thiergarti* Schultz, 1967; *4, 6.* Quadraeculina *anellaeformis* Maljavkina 1949; *5. Eucommidites granulosus* Schultz, 1967; *7. Chasmatosporites apertus* (Rogalska, 1954) Nilsson, 1958; *8.*

Eucommidites troedssoni Erdtman, 1948; *9, 10. Classopolis* sp.; *11, 12. Vitreisporites pallidus* (Reissinger, 1950) Nilsson, 1958; *13a, b, 14a, b.* Pólen de Magnoliophyta.

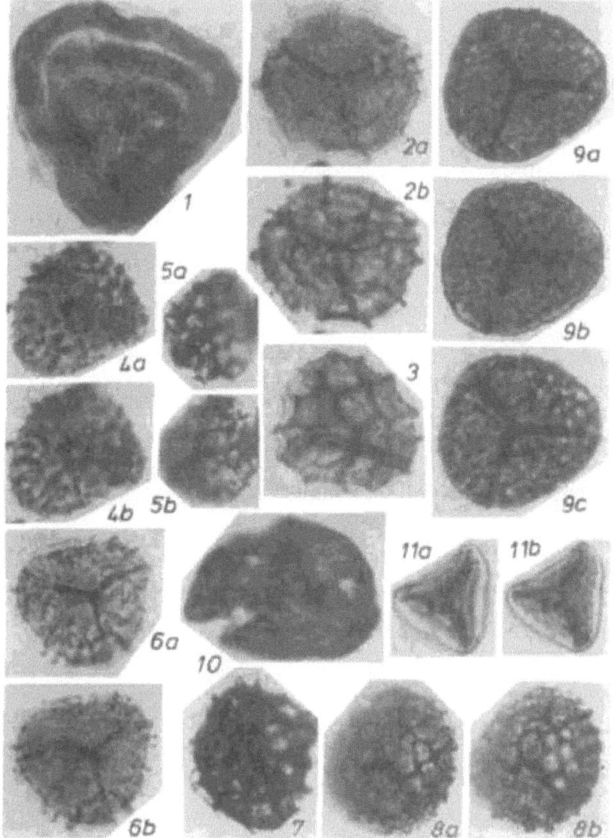

Pólen da Formação Kotel de Stara Planina Oriental (Cernjavska in Tchoumatchenco, Cernjavska, 1990, Chapa V).

1.Duplexispoprites scanicus (Nilsson, 1958) Playford & Dettman, 1965; *2a, b, 3.*
Lycopodiumsporites clavatoides Cooper, 1958; *4a, b. Lycopodiumsporites neoreticuloides* Schultz;
5a, b. Lycopodiumsporites cf. *gracilis* Nilssoni, 1958; *6a, b. Lycopodiumsporites semimuris* Danze-
Corsin & Laveine, 1963; *7. Lycopodiumsporites austroclavatidites* (Cookson, 1953)
Potonié, 1956; *8a, b. Lycopodiumsporites reticulumsporites* (Rouse, 1959) Dettman, 1963; *9a, b, c.*
Faveosporites macrofoveolatus Schultz, 1966; *10. Cf. Faveotriletes irregulatus* Couper, 1958; *11 a,*
b. Gleichneniidites sp.

Actividades de ensino

Na década de 1980, o Conselho Científico do Instituto Geológico da Academia de Ciências da Bulgária pediu ao Dr. S. Cemjavska que transmitisse os seus conhecimentos a jovens geólogos, pelo que foram anunciados concursos para teses de doutoramento no domínio da palinologia. O primeiro concurso realizou-se em 1983 e Lyudmila Petrutnova-Olova ganhou-o, tendo defendido a sua tese sobre "Palinomorfos do Ladiniano e Carniano no Noroeste da Bulgária - estratigrafia e taxonomia" no inverno de 1992. O segundo concurso realizou-se no outono de 1984 e foi ganho por Polina Pavlishina, que foi nomeada aluna de pós-graduação em fevereiro de 1985. Defendeu também em 1992 uma dissertação sobre "Taxonomia e significado bioestratigráfico dos palinomorfos do Cretácico Superior no Norte da Bulgária". Ambas foram concebidas para cobrir as necessidades da geologia do petróleo.

Polina Pavlishina recorda a Dra. Svetlana Cernjavska de forma viva e duradoura: "Como supervisora científica, deu a sua dignidade e autoridade. A Dra. Cernjavska era orgulhosa e liberal e, como tal, respeitava a liberdade dos seus alunos de doutoramento, a sua autonomia e as suas ideias, que ela orientava muito bem e tacitamente. Embora contida, era uma pessoa muito calorosa, com empatia e sentido de humor. Não esquecerei os lampejos de riso e aprovação que explodiram nos seus olhos quando me dirigi a ela pela primeira vez com Svetlana Pavlovna, em vez do tradicional para a época "Camarada Cernjavska". Este discurso permaneceu assim até ao fim do nosso trabalho conjunto.

A Dra. Svetlana Cernjavska ensinou-me a precisão e a paciência na investigação palinológica. Era uma palinóloga com autoridade indiscutível e reconhecimento internacional. Ensinou-me a não aprovar nada barato e apressado na ciência. Lembro-me do seguinte caso: Um conhecido palinólogo húngaro tinha recolhido amostras piloto de sedimentos do Cetáceo Superior no Sul da Bulgária. As amostras tinham pólen perfeitamente preservado com uma variedade considerável que estava pronta a ser publicada e este palinólogo húngaro procurava ativamente a minha coautoria. A proposta de publicação numa revista internacional pareceu-me aliciante, mas Svetlana Pavlovna rejeitou essa oportunidade com tato e decisão. Foi uma lição que me ficou, e com ele todos os cientistas se apresentam não só como conhecimento mas também como mentalidade". O seu trabalho conjunto continuou após a defesa bem sucedida da dissertação de Polina. Assim, em 2001, publicaram conjuntamente novos dados polínicos que determinam a idade do início do Paleocénico do grupo de conglomerados em Panagyurishte e Strelcha (Zagorchev et al., 2001).

Morte

A Professora Associada Dra. Svetlana Cemjavska tem as seguintes fases na sua vida profissional: 1) Geóloga cartográfica em Stara Planina Central e no Noroeste da Bulgária - 1954-1956; 2) Paleontóloga - 1956 - 1994 - até à sua reforma; nesta fase podem ser separadas as seguintes sub-fases: 2a) Macropaleobotânica - determinou as folhas de restos de plantas fósseis com idade Jurássica e Cretácica tardia - 1956 - 1959; 2b) Palinologista do Paleogénico - 195 - 1994; durante muito tempo trabalhou com o colega Rosen Ivanov; 2c) Palinologista do Jurássico - 1963 - 1994 - este período começou por volta de 1963 e, após uma pausa, continuou desde 1980 - até ao fim da sua atividade científica em 1994. Durante este período, a sua atividade docente é também contínua - orientou dois estudantes de pós-graduação que defenderam com sucesso as suas próprias teses.

A Professora Associada Dra. Svetlana Pavlovna Cernjavska faleceu a 24 de setembro de 2002, em Sófia. Permaneceu nas nossas memórias como uma cientista notável e uma mulher de visão ampla, aberta às pessoas e ao mundo. Foi sepultada no cemitério central de Sófia.

BIBLIOGRAFIA

Publicações (após Spasov et al., 1978; Spasov, 1988, 1989a, 1989b)

Cemjavska, S. 1956. Notes on the fossil flora from the Jurassic of Vrashka Chuka, Northwestern Bulgaria. - *Annuaire de la Direction pour les Recherches Géologiques et Minière en Bulgarie, A, 6*, 179-187, 2 pl. (em búlgaro)

Cernjavska, S. 1959. Paleofloristic research on the productive Turonian from the Balkan Basin. - *Annuaire de la Direction pour les Recherches Géologiques et Minière en Bulgarie, A, 9*, 73-86, 4 pl. (em búlgaro).

Cernjavska, S. 1960. Pesquisa palinológica do carvão da mina Zelenigrad perto de Belogradchik. - *Tr. Geol. Bulgaria, ser. Paleontology, 2*, 333-367, 6 pl. (em búlgaro).

Cernjavska, S., Z. Ipatova. 1963. Correlação da nossa bacia do Terciário Inicial no Sudoeste da Bulgária com base na análise de esporos-pólen. - *Annuaire de la Direction pour les Recherches Géologiques et Minière en Bulgarie, A, 13*, 195-200, 13 pl. (em búlgaro).

Mincev, D., S. Cernjavska, D. Counev, K. Budurov. 1962. Sobre o problema da idade da formação carbonífera perto de Belogradchik, Noroeste da Bulgária. - . *V savet. Savez. Geol. Drustva FNRJ, D. I, Geol.*, Beograd, 43-48 (em sérvio).

Mincev, D., Cernjavska, S. 1964. Kennzeichenende Merkale der nachkarboni schen Unterpermischen Etape der jungpaleozoischen kohlenbild enden Phase in NW Bulgarien. - In: *C.R. V congr. Intern. Stratigr. et geol. Carb., Paris*, 1964, 961-963.

Cernjavska, S. 1965. Resultados da análise de esporos-pólen dos argilitos escuros em East Stara Planina. - *Tr. Geol. Bulgaria, ser. Paleontology, 7;* 261301 (em búlgaro).

Cernjavska, S. 1966. Esporos do Eoceno tardio do carvão castanho em Stara Oriental Planina Mnts. - *Tr. Geol. Bulgaria, ser. Paleontology, 8*, 143-180 (em búlgaro).

Cemjavska, S. 1967. Caracterização dos complexos de esporos-pólen dos carvões do Eoceno Superior na Bulgária Oriental. - *Bull. Geol. Inst., ser. Paleontology, 16*, 95-130 (em búlgaro).

Cernjavska, S. 1967. Esporos fósseis e grãos de pólen das bacias carboníferas do Priaboniano na Bulgária e sua interpretação climática. - *Abh. Central Geol. Inst.,10*; 177-180.

Cernjavska, S., A. Petkova. 1968. Caracterização de esporos-pólen das argilas marinhas do Oligoceno perto da cidade de Varna. - *Bull. Geol. Inst., ser. Paleontology, 17,* 241-175 (em búlgaro).

Cernjavska, S. 1969. Categorias da análise de esporos-pólen com as subdivisões básicas na estratigrafia. - *Bull. Geol. Inst., ser. Stratigraphy and Lithol., 18.* 83-89 (em búlgaro).

Cernjavska, S. 1970. Zonas baseadas em esporos e pólen em alguns sedimentos carboníferos do início do Terciário na Bulgária. - *Bull. Geol. Inst., ser. Stratigraphy and Lithol. Stratigraphy and Lithol., 19,* 79-100 (em búlgaro).

Cernjavska, S. 1970. New spores and pollen species from coal-bearing Paleogene sediments in Bulgaria. - *Review Bulgarian Geological Society, 31,* 1; 33-39 (em búlgaro).

Ivanov, R., S. Cernjavska. 1970. Sobre a idade do vulcanismo Paleogénico na Bulgária Ocidental após a investigação geológica, petrográfica e palinológica. 1. Paleogénico de Suhostrel-Padesh. - *Bull. Geol. Institute, ser. Stratigraphy and Lithol, 20,* 71-86 (em búlgaro).

Ivanov, R., R. Arnaudova, S. Cernjavska. 1971. Sobre a idade do vulcanismo Paleogénico na Bulgária Ocidental após a investigação geológica, petrográfica e palinológica. 2. Paleogénese de Kamenitsa. - *Bull. Geol. Institute, ser. Geoch., minerasl. and petrogr., 20,* 243-268 (em búlgaro).

Ivanov, R., S. Cernjavska. 1971. Sobre a idade do vulcanismo Paleogénico na Bulgária Ocidental após a investigação geológica, petrográfica e palinológica. 3. Mesta Paleogénico. - *Bull. Geol. Institute, ser. Stratigraphy and Lithol, 21,* 85-100.

Cemjavska, S. 1972. Sobre algumas discussões sobre a utilização das categorias de análise de esporos e pólen na investigação estratigráfica. - *Review Bulgarian Geological Society, 33,* 1, 118-121 (em búlgaro).

Cernjavska, S. 1973. Palynologic data on the stratigraphy of the Paleogene deposits in Bulgaria. - *Palynologia kainofita,* M., Nauka, 65-69 (em russo).

Cernjavska, S. 1973. Caracterização de esporos e pólen do sedimento carbonífero na região da aldeia de Pcelarovo, Rhodopes Oriental. - *Bull. Instituto Geol. Institute, ser.*

Stratigraphy and Lithol, 22, 133-136.

Stefanov, N., D. Bahneva, S. Cernjavska. 1974. Sobre a litoestratigrafia e a idade dos sedimentos e vulcanitos do Terciário na parte sul dos Rhodopes Centrais. - *Bull. Instituto Geol. Institute, ser.Stratigraphy and Lithol., 23,* 91-106 (em búlgaro).

Cernjavska, S. 1975. Palynological data on the Palaeogene Flora in Bulgaria. - Em: Probl. Balkan Flora, 39-42.

Cernjavska, S. 1977. Palynological studies on Paleogene deposits in South Bulgaria. - *Geologica Balc.,* 7, 4; 3-26.

Milakovic, B., M. Novkovic, S. Cernjavska. 1978. Paleogene palynoflora from the Levovika (East Serbia). - *IX Kongres geologa Jugoslavije. Zbornik radova,* Sarajevo, 71-74 (em sérvio).

Milakovic, B., M. Novkovic, S. Cernjavska. 1978. Contribution to the knowledge of the Paleogene of the East Serbia. - *Glas, CCCXVII, Academia de Ciências da Sérvia, Dep. Nature and Mathem. Ciência, 46,* 67-77.

Nastaseanu, S., S. Cernjavska. 1980. New lithostratigraphical and palynological data regarding the eojurassic from Mehadia (S. Carpathian). - *Rev. Rom.géol., géophys. and géogr. Géologie,* 23, 1; 199-207.

Bakalova, D., S. Breskovski, L. Dodekova, S. Cernjavska. 1981. Complex biostratigraphic research of the border deposites between the Jurassic and the Cretaceous systems in Norteastern Bulgaria. - *XII Congresso do CBGA, Bucareste, Resumos,* 58-59 (em russo).

Sapunov, I., S. Cemjavska, P. Tchoumatchenco, V. Shopov. 1983. The stratigraphy of the Lower Jurassic sediments in the area Kraishte Southwestern Bulgaria. - *Geologica Balc., 13,* 4, 3-32 (em russo).

Sapunov, I., P. Tchoumatchenco, L. Dodekova, S. Cernjavska. 1985. Contribution to the official lithostratigraphic scheme, connected with the Middle Jurassic deposits in Northeastern Bulgaria. - *Review Bulgarian Geological Society, 46,* 2, 144-152 (em búlgaro).

Cernjavska, S. 1986. Lower and Middle Jurassic palynostratigraphy of Bulgaria. - *Geologica Balc.,* 16, 6; 21-32.

Tchoumatchenco, P., S. Cernjavska. 1988. Sobre o sistema Jurássico em Eastern Stara planina Mnts. - *Geologica Balc.*, *18*, 5; 94 (em russo).

Tchoumatchenco, P., S. Cernjavska. 1988a. Condições de sedimentação dos sedimentos jurássicos em Stara planina oriental. - *Resumos dos relatórios, XIV Congresso CBGA, Sofia;* 652-655 (em russo).

Tchoumatchenco, P., S. Cernjavska. 1989. Sistema jurássico em Stara planina oriental. I. Stratigraphy. - *Geologica Balc.*, *19*, 4, 33 - 65.

Tchoumatchenco, P., S. Cernjavska. 1989a. Sistema jurássico em Stara planina oriental. II. Paleogeografia e evolução paleotectónica. - *Geologica Balc.*, *20,* 3, 17 - 58.

Tchoumatchenco, P., S. Cernjavska. 1990. Jurássico em Stara planina Oriental. In: Principais características da paleogeografia da Bulgária. In: Evolution of the Northern margin of Tethys. Os resultados do Projeto IGCP 198. - Mem. *S.G.Fr., N.S.* 154; 108-109.

Tchoumatchenco, P., B. Peybernès, S. Cernjavska, G. Lachkar, J. Surmont, J. Dercourt, Z. Ivanov, J.-P.Rolando, I. Sapunov, J. Thierry. 1992. Étude d'un domain de transition Balkan-Moésie: évolutions paléogéographique et paléotectonique du sillon de flysch Jurassique
inférieur-moyen dans la Stara planina Montagne orientale. -
Bula. S.G. Fr., 163, 1; 49-61.

Tchoumatchenco, P., J. Thierry, I. Sapunov, S. Cernjavska, C. Durlet, B. Galbrun, D. Ivanova, K. Khrischev, E. Krischeva, I. Lakova, T. Nikolov, K. Stoykiva, M. Vergilova. 1996. Sequence Stratigraphy of the Jurassic rocks in part of Western Bulgaria. Reunião final do Projeto 343-IGCP - *Stratigraphic correlations of peri-Tethyan epicratonic basins.* Damasco, 2-8.9.1996; 1p.

Zagorchev, I., P. Pavlishina, S. Cernjavska, I. Boyanov, A. Goranov. 2001. Primeiros dados sobre uma idade Daniana da Formação conglomerática perto de Panagyurishte e Strelcha (Montanhas de Sredna Gora). - *C. R. Bulg. Acad. Sci.*, *54*, 8, 53-56.

Agradecimentos

The authors are very grateful to the President of the Board of Bulgarian Geological Society Assoc. Professor Dr. Eugenia Tarassova and to the Editor-in- Chief of the Review of Bulgarian Geological Society Assoc. Professor Yotzo Yanev for the kind permissions to us to publish English version of the papers about the life and the professional activity of Assoc. Professor Andrei Janichevsky, published in Bulgarian in the Review of Bulgarian Geological Society, vol. 76,1, 145-156, o artigo sobre a vida e a atividade profissional do Dr. Rostislav Beregov, publicado na Review of Bulgarian Geological Society, vol. 77, 1, 93-108, e o artigo (no prelo) sobre a vida e a atividade profissional da Professora Associada Dra. Svetlana Cernjavska - na Review of Bulgarian Geological Society, vol. 78, 1-3 (cartas electrónicas para P. Tchoumatchenco - 28 de abril de 2017 e 26 de abril de 2017). Expressamos a nossa sincera gratidão a Missis Mariana Ilieva, do Fundo Geológico Nacional da Direção de Recursos Naturais e Concessões, Departamento do Serviço Geológico Nacional do Ministério da Economia, pela sua capacidade de resposta e pelo fornecimento de material do Fundo Geológico relacionado com a atividade do Eng. Geólogo A. Janichevsky. Os autores expressam a sua gratidão também ao Sr. Valeri Trendafilov do Fundo Geológico que muito gentilmente nos enviou a lista dos relatórios departamentais do Dr. R. Beregov, mantidos no Fundo Geológico Nacional, bem como ao Eng. Alexander R. Beregov, que nos deu novos dados sobre a sua família e nos forneceu novas fotografias do arquivo da família.

Referências gerais

Benderev, D. 2014. *Recordações da Escola Russa de Sófia (1924-1934)*, Sofia, DUO-V Ltd., 199 p.

Bonchev, E. 1946. Uber einen zu den Balkaniden Schraggelegenen horizontalverschiebungsgürtel. - *Geologica Bale. 4, 1,* 13-27 (em búlgaro).

Bonchev, E. 1955. *Geology of Bulgaria.* Part I. Sofia, State Edition Public Education, 257 p. (em búlgaro).

Bonchev, E. 1986. *Os Balcãs. Posição geotectónica e desenvolvimento.* Geologica Balc., Série operum singulorum, 1, 273 p.

Bonchev G. 1919. Características petrográficas da montanha Stanimaka. - *Ann. Universidade de Sofia, Faculdade de Ciências Físico-Matemáticas,* 13/14; 1-8.

Borisov, I. 1963. Os *nossos primeiros geólogos*. Série "Biologia e Geologia". Sofia, Narodna Prosveta (Educação Pública), 79 pp. (em búlgaro) Borisov, I. 1981. *Distintos geólogos búlgaros*. Sófia, Edição do Estado Narodna Prosveta (Educação Pública), 99 p. (em búlgaro)

Chatalov, G. 1978. Rochas triássicas e jurássicas na área da aldeia de Indje Voyvoda (Montanha Strandzha). - *C. R. Acad. Bulg. Sci., 31,* 11, 14411444.

Chatalov, G., 1983. Litologia de pseudo-conglomerados na deslocação de Siniya Pat. - *C. R. Acad. Bulg. Sci. 36,* 5,647-650.

Chatalov, G. 1990. *Geologia da zona de Strandzha na Bulgária.* Geologica Balc., Series operum singulorum, 4, 263 p. (em búlgaro).

Dimitrov, Ts. 1931. Contribuição para a Geologia e Petrografia da Montanha Konyavo. - *Revista da Sociedade Geológica Búlgara, 3, 3, 3-52.* (em búlgaro).

Dimitrov Str. 1946. As rochas metamórficas e magmáticas da Bulgária. - *In: Geologia da Bulgária.* Sofia. - *Anuário da Direção para as Pesquisas Geológicas e Minerais na Bulgária,* A, 4, 61-93.

Enciclopédia da Bulgária. 1978. Rostislav Beregov. 1, p. 262 (em búlgaro).

Gocev P. 1992. Os Matorides nas montanhas de Stara-Planina Oriental - estrutura, origem e realidade - *Geologica Balc., 22,* 3, 86-92.

Grande Enciclopédia Bulgária. 2011. Rostislav Beregov. 1, p. 243 (em búlgaro).

Hochstetter, F. 1870. Die geologischen Verhaltnisse des ostlichen Theiles der Europaischen Türkei. - *Jahrb. K. K. Geol. Reichsanst., Wien, 20*, 3, 265-461.

Jaranoff D. 1938. La géologie du massif des Rhodopes et son importance à propos de la Péninsule Balkanique. - *Revista de Géographie Physique et de Géologie Dynamique, 11*, 2, 131-143.

Konyarov G. 1932. *The brown coal in Bulgaria.* Sofia. Minas estatais de Pernik, 303 p. (em búlgaro).

Nikolov, T. 1953. Dr. R. S. Beregov. - *Journal Priroda (Nature)*, 6, 6, 1953 (em búlgaro).

Nikolov T. 1963. Dr. Rostislav Sergeyevich Beregov. - *Priroda I Znanie (Natureza e conhecimento)*, 6, 6, 21-22 (em búlgaro).

Kozhuharov, D., 1984. Lithostratigraphy of the Precambrian metamorphic rocks of the Rhodopes Supergroup in the Central Rhodopes. - *Geologica Balc., 14*,1, 43-88.

Ksi^zkiewicz, M. 1930. Sur la géologie de l'Istrandzha et des Térritoires voisins. - In: *Libr. Geogr. Orbis,* Cracóvia, 1-28.

Kulaksazov, G., S. Urumova, K. Kalcheva. 1962. On the stratigraphy and the lithology of the Cenomanian and Turonian in the Southeast Strandzha. - *Contributions to the geology of Bulgaria, 1*, 409-441. (em búlgaro).

Nachev, I. 1980. Olistostromas do Albiano-Cenomaniano (?). In: Olistostromes in the Central Rhodopes, Central and Eastern Stara planina Mnts. and in the region of Kraishte". Guia da excursão, Sofia, BAS, 14-19.

Nachev, I., I. Sapunov, J. Stephanov. 1967. A Formação Kotel olistostrom na parte oriental dos Balcãs. - *Revista da Sociedade Geológica da Bulgária, 28,* 3, 261-273.

Ognianova-Rumenova, H., 1976. Dr. Rostislav Sergeyevich Beregov. - *Revista da Sociedade Geológica Búlgara, 57,* 3; p. 78 (em búlgaro)

Pascalev M. 1992. Discussão sobre o Sistema Jurássico nas Montanhas de Stara planina Oriental (artigo publicado por Tchoumatchenco e Cemjavska em Geologica Balcanica, 19.4/1989 e 20.3/1990). 1992. - *Geologica Balc., 22*.3, 83-84.

Spasov, H. 1988. *Bibliography of geology Publications in Bulgaria.* Vol. II, 1965-1970. - Editora da Academia de Ciências da Bulgária, Sófia, 388 p. (em búlgaro).

Spasov, H. 1989a. *Bibliography of geology Publications in Bulgaria.* Vol. III, 1971-1975. - Editora da Academia de Ciências da Bulgária, Sófia, 510 p. (em búlgaro).

Spasov, H. 1989b. *Bibliography of geology Publications in Bulgaria.* Vol. IV, 1976-1980. - Editora da Academia de Ciências da Bulgária, Sófia, 553 p. (em búlgaro).

Spasov, H., M. Stancheva-Dimitrova, E. Subeva-Tsvetkova. 1978. *Bibliography of geology Publications in Bulgaria.* Vol. I, 1828-1964. - Editora da Academia de Ciências da Bulgária, Sófia, 513 p. (em búlgaro).

Tchoumatchenco, P. 2014. 110-th Anniverssary of Eng. Geol. Andrei Janichevsky (1904-1949). - *"Geosciences 2014" - Sociedade Geológica Búlgara,* 123-124 (em búlgaro).

Tchoumatchenco P. 2015. Engenheiro geólogo Andrei Janichevsky (1904-1949) - Vida e atividade científica. - *Revista da Sociedade Geológica da Bulgária, 76, 1,* 145-156 (em búlgaro).

Tchoumatchenco P., T. Nikolov. 2016. Dr. Rostislav Beregov (1908-1946) - vida e atividade científica. - *Revista da Sociedade Geológica da Bulgária, 77,* 1, 93-108 (em búlgaro).

Tchoumatchenco P., T. Nikolov. 2017 (no prelo). Dra. Svetlana Cernjavska (1929-2002) - Fundadora da paleopalinologia búlgara. - *Revista da Sociedade Geológica da Bulgária, 78,* 1-3 (em búlgaro).

Tzankov, V., K. Zaharieva-Kovaceva. 1959. Sobre a idade do carvão da mina "Vrachka Chuka", Noroeste da Bulgária. - *Ann. Sofia Univ., Biol.- Geol.-Geogr. Faculdade, 52, 2, Geol.,* 25-47 (em búlgaro).

Printed by Books on Demand GmbH, Norderstedt / Germany